6 页

7 页

8 页

9 页

秋冬必备的保暖小物

16 页

17 页

18 页

19 页

20 页

29 页

30 页

纵享
编织花样的
浮雕之美

本作品是通过编织下针、上针、交叉针等针法，精心编织而成。编织花样的浮雕之中衍生出丰富的图案表情和温暖的感觉。

套头衫

本款套头衫中间的大花纹，加上斜向的麻花花样，清晰地彰显个性，是这个季节的专属款毛衣。

设计：冈 真理子
制作：内海理惠
使用线：SKI MERINO SILK
编织方法：33页

01

套头衫

这款套头衫添加了枣形针，俏皮可爱。光滑柔软的羊毛线搭配马海毛线，轻薄又细腻，穿着舒适。

设计：镰田惠美子
制作：小林知子
使用线：SKI TASMANIAN POLWARTH
SKI PREMIUM MOHAIR
编织方法：36页

02

套头衫

本款套头衫采用大大的正方形花样，浅浅的如同浮雕的图案通过有弹性的高级线材显现出来，给人一种轻松愉悦的感觉，映衬出成人的一种时尚。

设计：岸 睦子
制作：上野裕子
使用线：SKI TASMANIAN POLWARTH
编织方法：38页

03

04

套头衫

用颇有韵味的混色毛纱线，编织出多种花样的毛衣。这件款式简约的套头衫，即时尚又有品位，穿着也舒适。

设计：田村佳苗
使用线：SKI LANA MELANGE
编织方法：40页

套头衫

通过基础的盖针的编织方法，织出菱形图案、中间用枣形针装饰，呈现立体感觉的一款套头衫。使用暖色系富有韵味的毛线编织。

设计：原田千惠子
使用线：SKI LANA MELANGE
编织方法：43页

05

套头衫

使用极粗型毛线编织出具有个性的三角形图案的套头衫。沉稳的砖红色让人在寒冷的冬天也能感觉到满满的温暖。

设计：小野琇未
制作：森山妙子
使用线：SKI UK BLEND MELANGE
编织方法：48页

06

07

背心

圆圆的下摆边缘，加上洋葱般的花样，构成一款可爱典雅的收腰背心。后身片做下针编织，非常简单。

设计：Tomoko Nawa
使用线：SKI 风花
编织方法：50页

08

富于变化的收腰背心

毛线、钩针在手，何时何地都能领略到的颇具人气的钩针编织的快乐。当下穿衣搭配不可或缺的一件收腰背心，要不要试一试？

背心

用富有创意的段染线编织 2 种独具创意的花样，看似小巧却充满个性。

设计：武田敦子
制作：饭塚静代
使用线：SKI POLWARTH PLUS HAND DAI
编织方法：51页

背心

这是一款改变编织方向，能充分感受编织花样和段染线的动感单扣开襟背心。给日常的冬装增添了许多灵动色彩。

设计：矢野康子
制作：长谷川千代子
使用线：SKI TRUENO
编织方法：54页

09

10

背心

色彩华丽的创意毛线，编织出这款精致细密的交叉花瓣图案的背心。中间作为点缀使用与时尚色彩的金银丝线编织，下摆设计了前后行差，充分彰显了这款背心的良好伸缩性。

设计：小野琇未
使用线：SKI TRUENO、SKI ELISE
编织方法：58页

背心

这是一款采用拉针编织出缆绳花样的立体的束腰背心。下摆花样搭配横向编织的交叉花样，设计简洁利落，使用触感光滑的毛线编织，可长时间穿着哟。

设计：Fukiko
使用线：SKI 风花
编织方法：61页

11

背心

这是一款镂空交叉花样的长款收腰背心。
下摆处的侧片编织出三角形花样，整体呈现修身A字形的轮廓。

设计：原田千惠子
使用线：SKI LUNO
编织方法：64页

12

秋冬必备的保暖小物

暖人心扉的小物，
是冬日不可或缺的时尚搭配单品哟！
无论是赠予他人，还是自己佩戴，
心情都无比愉悦。

帽子

使用 2 根粗花呢线，
编织出这款中性风的帽子。
其中帽檐和帽顶可根据自己的
喜好设计其形状。

设计：武田敦子
使用线：SKI TWEED TWEED
编织方法：67页

14

围脖

寒冷的冬日里，
迫不及待想
戴上的一款保暖围脖。
柔和色调的段染线编织出
有质感的花样，漂亮极了。

设计：矢野康子
使用线：SKI WORLD SECTION FARNO
编织方法：72页

15

披肩

披在肩膀上，像斗篷一样，
软软的，舒服极了。
鲜亮的色彩、波浪式花纹，
搭配上合适的衣服，
能瞬间让心情美丽起来。

设计：武藤比富
制作：长谷川千代子
使用线：SKI TRUENO
编织方法：68页

16-a

16-b

围巾

这是一款穿过插口简单
佩戴的迷你围巾。
彩色边缘通过一团极粗的
圈圈线编织而成。

设计：SKI毛线企划室
制作：NEVADA KNIT
使用线：SKI CURLY
编织方法：77页

袜子

编织成四边形织片后
缝合到一起即可，
非常有创意的一款袜子。
是防御寒冷的必备神器。
作品 17 使用钩针
钩织出条纹花样。

设计：木之下 薰
使用线：SKI SCORE
编织方法：70页

18-a

17-a

18-b

17-b

18-c

袜子

与作品 18 和作品 17 形状、
所用毛线均相同。
不过编织该款时使用 2 根线
编织桂花针，伸缩性很好。
就是这样一款造型朴素的
袜子却非常适合你的双脚哟！

设计：木之下 薰
使用线：SKI SCORE
编织方法：71页

18-c

自然色系的舒适毛衫

采用让人联想到天空、大地等色系的
触肤感极好的天然素材，
编织出各种穿着舒适的针织毛衫。
穿在身上，感觉暖融融的。

开衫

延续横编的身片编织出下垂褶的衣领，整体非常漂亮时尚的一款开衫。

使用亮色毛线、不分正反面的镂空花样，休闲搭配穿戴，心情愉悦至极。

设计：Tomoko Nawa
使用线：SKI 风花
编织方法：73页

19

开衫

这款华丽的开衫有美丽的编织花样，可以像长围巾般披在身上。

一般秋冬款服装看起来都有点沉重，建议选择明亮的蓝绿色线进行编织。

设计：镰田惠美子
制作：饭塚静代
使用线：SKI FWORL
编织方法：76页

20

背心

一款美丽的北欧风背心，
温暖又有季节感。
清爽的配色加上个性化的
设计风格，非常有都市感。

设计：伊藤由香里
使用线：SKI FWORL
编织方法：78页

21

22

开衫

这款让人倍感暖意的开衫身片编织了
看起来很有分量的配色花样。
值得关注的是这款开衫不同寻常的尺寸，
较短的衣长和干净利落的袖子搭配，
感觉非常不错。

设计：冈 真理子
制作：水野 顺
使用线：SKI LANA MELANGE
编织方法：80页

背心

使用有韵味的毛线，编织锯齿形、直条式花样，通过花样之间的对比，彰显出腰身部分的魅力。
从秋天一直可以穿到来年春天的一款背心。

设计：田村佳苗
使用线：SKI ALLEGRO
编织方法：84页

背心

这件背心让人不禁忆起晚霞的颜色，
抽褶花样的圆育克，
能彰显出女性独特气质的背心。

设计：木之下 薰
使用线：SKI MARLENE
编织方法：86页

24

25

套头衫

如图所示网眼部分编织成叶子花样，
通过卡农接合在一起。
不露声色地显现出编织的高超技巧，
是存在感极强的一款套头衫。

设计：松泽初枝
制作：前泽美幸
使用线：SKI ALLEGRO、SKI TASMANIAN POLWARTH
编织方法：88页

本书用线一览

※ 图片为实物粗细

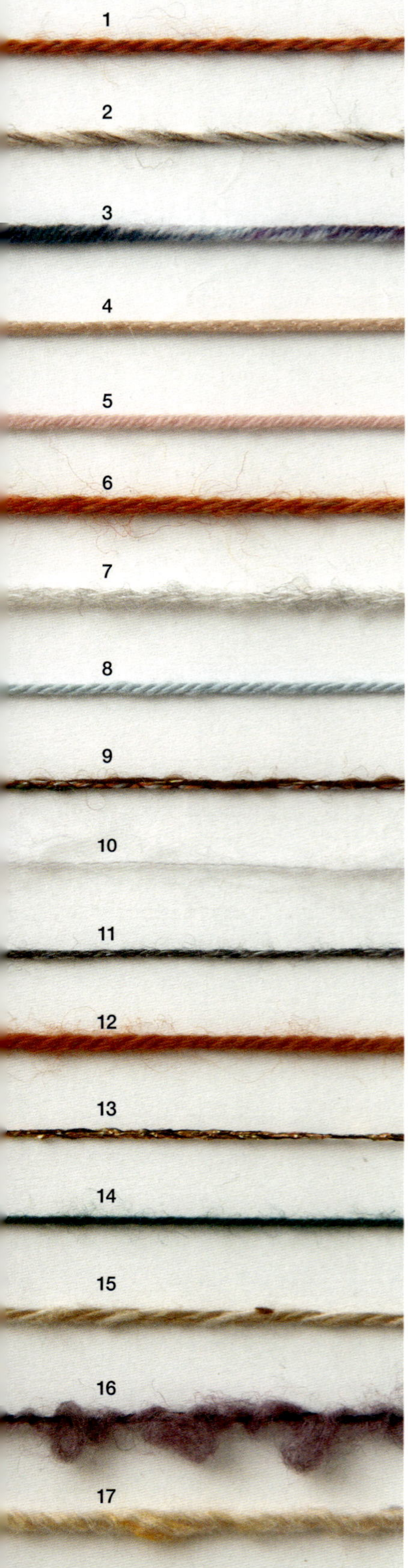

线名	成分	粗细	色数	规格	线长	使用针号	标准下针编织密度
1 SKI LANA MELANGE	羊毛100%	粗	8	30g/团	约84m	6～7号 5/0～6/0号	21～23针 28～30行
2 SKI TRUENO	羊毛95% 尼龙5%	粗	6	30g/团	约105m	5～6号 5/0～6/0号	20～22针 28～30行
3 SKI POLWARTH PLUS HAND DAI	羊毛100% （塔斯马尼亚波耳沃斯羊毛）	粗	8	35g/团	约87m	6～7号 6/0～7/0号	21～23针 29～31行
4 SKI LUNO	铜氨纤维43% 腈纶40% 羊毛17%	粗	12	30g/团	约82m	5～7号 5/0～6/0号	20～22针 25～27行
5 SKI TASMANIAN POLWARTH	羊毛100% （塔斯马尼亚波耳沃斯羊毛）	粗	28	40g/团	约134m	4～6号 5/0～6/0号	21～24针 32～34行
6 SKI UK BLEND MELANGE	羊毛100% （含50%英国羊毛）	极粗	25	40g/团	约70m	8～10号 7.5/0～9/0号	16～18针 22～23行
7 SKI FWORL	羊毛48% 尼龙40% 羊驼绒12%	中粗	9	30g/团	约83m	6～8号 6/0～8/0号	17～18针 26～27行
8 SKI MERINO SILK	羊毛60% （美利奴羊毛） 真丝40%	粗	10	30g/团	约113m	4～6号 4/0～6/0号	22～24针 32～34行
9 SKI ALLEGRO	羊毛37% 腈纶29% 人造丝17% 涤纶13% 尼龙4%	粗	9	30g/团	约106m	4～6号 4/0～6/0号	20～22针 28～31行
10 SKI PREMIUM MOHAIR	马海毛70% （优质幼羔马海毛） 尼龙30%	极细	19	20g/团	约225m	2～4号 2/0～3/0号 （1根）	23～25针 41～45行 （1根）
11 SKI 风花	羊毛60% 亚麻20% 苎麻20%	中细	8	30g/团	约114m	3～5号 4/0～5/0号	24～27针 31～35行
12 SKI MARLENE	羊毛100%	极粗	14	40g/团	约77m	7～9号 6/0～7/0号	17～19针 23～25行
13 SKI ELISE	涤纶83% 尼龙17%	中细	6	25g/团	约147m	3～5号 2/0～4/0号	27～29针 37～39行
14 SKI SCORE	羊毛50% 尼龙50%	中细	20	40g/团	约160m	2～3号 2/0～3/0号	27～28针 34～35行
15 SKI TWEED TWEED	羊毛62% 腈纶34% 涤纶4%	中粗	13	40g/团	约84m	7～9号 6/0～7/0号	17～18针 24～26行
16 SKI CURLY	羊毛89% 尼龙11%	超级粗	4	80g/团	约96m	14号～7mm 10/0号～7mm	9～10针 14～15行
17 SKI WORLD SELECTION FANO (意大利产)	羊毛47% 腈纶47% 人造丝6%	中粗	7	40g/团	约96m	7～9号 7/0～8/0号	15～17针 22～23行

●线的粗细是比较笼统的表述，仅供参考，下针编织标准密度数据来自生产商。

※制作图中未标注单位的尺寸均以厘米（cm）为单位。

作品的编织方法

01

3 页

●材料 SKI MERINO SILK（粗）灰色（2618）325g/11 团

●工具 棒针 6 号、3 号

●成品尺寸 胸围 94cm，衣长 54.5cm，连肩袖长 56cm

●编织密度 10cm×10cm 面积内：下针编织 23.5 针，32 行

●编织要点 身片在下摆另线锁针起针，开衩部分编织起伏针、下针编织及编织花样 A、A'、B。在编织花样 A、A' 内侧的下针编织侧边 1 针的内侧做扭针加针，在开衩部分结束的两胁处立起侧边针目进行减针。参照图示进行插肩线的减针。从下摆挑针，参照图示进行加减针，编织单罗纹针，最终针目做伏针收针。衣袖另线锁针起针，做下针编织。袖口处均匀加针，编织单罗纹针。插肩线做挑针缝合，腋下做下针无缝缝合。衣领环形挑针，编织单罗纹针后做伏针收针。到开衩止位的胁部和袖下做挑针缝合。

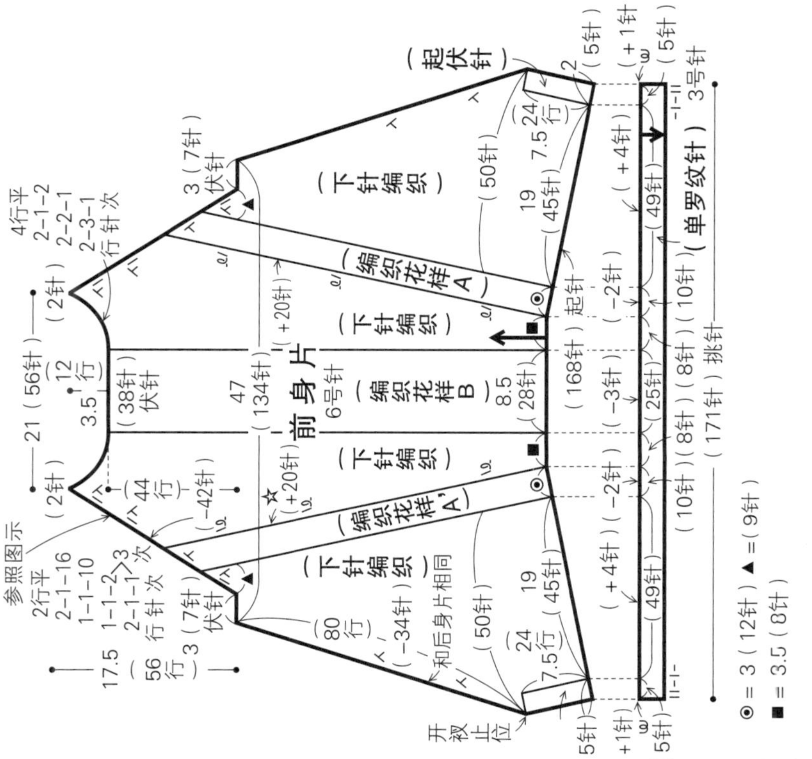

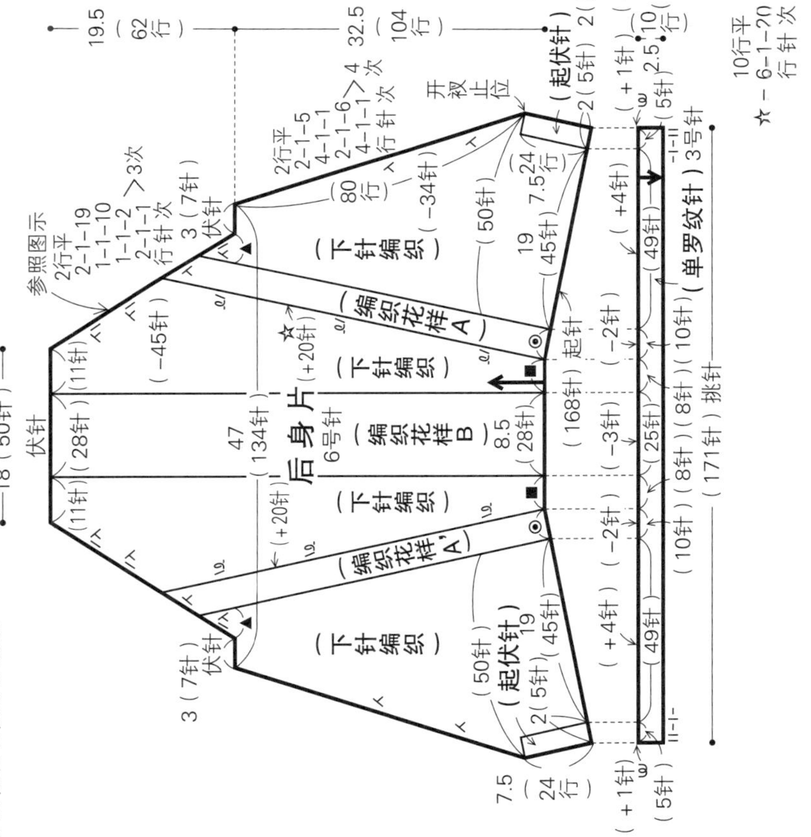

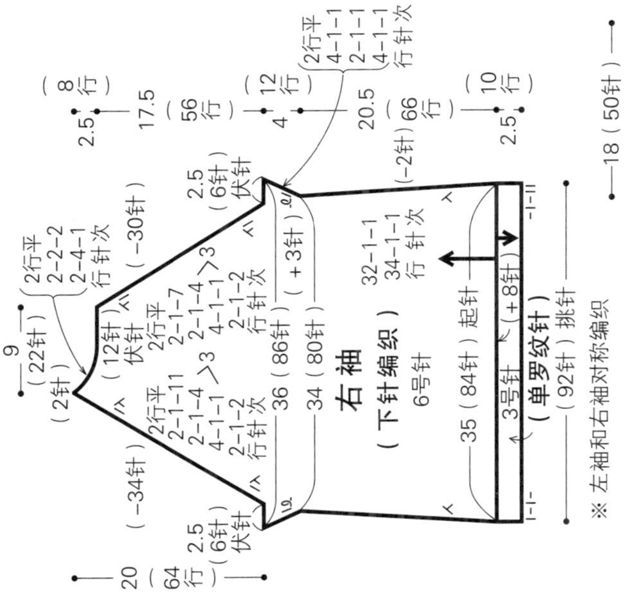

前后身片加减针的编织方法

编织花样A'
12针、8行1个花样

编织花样B
28针、24行1个花样

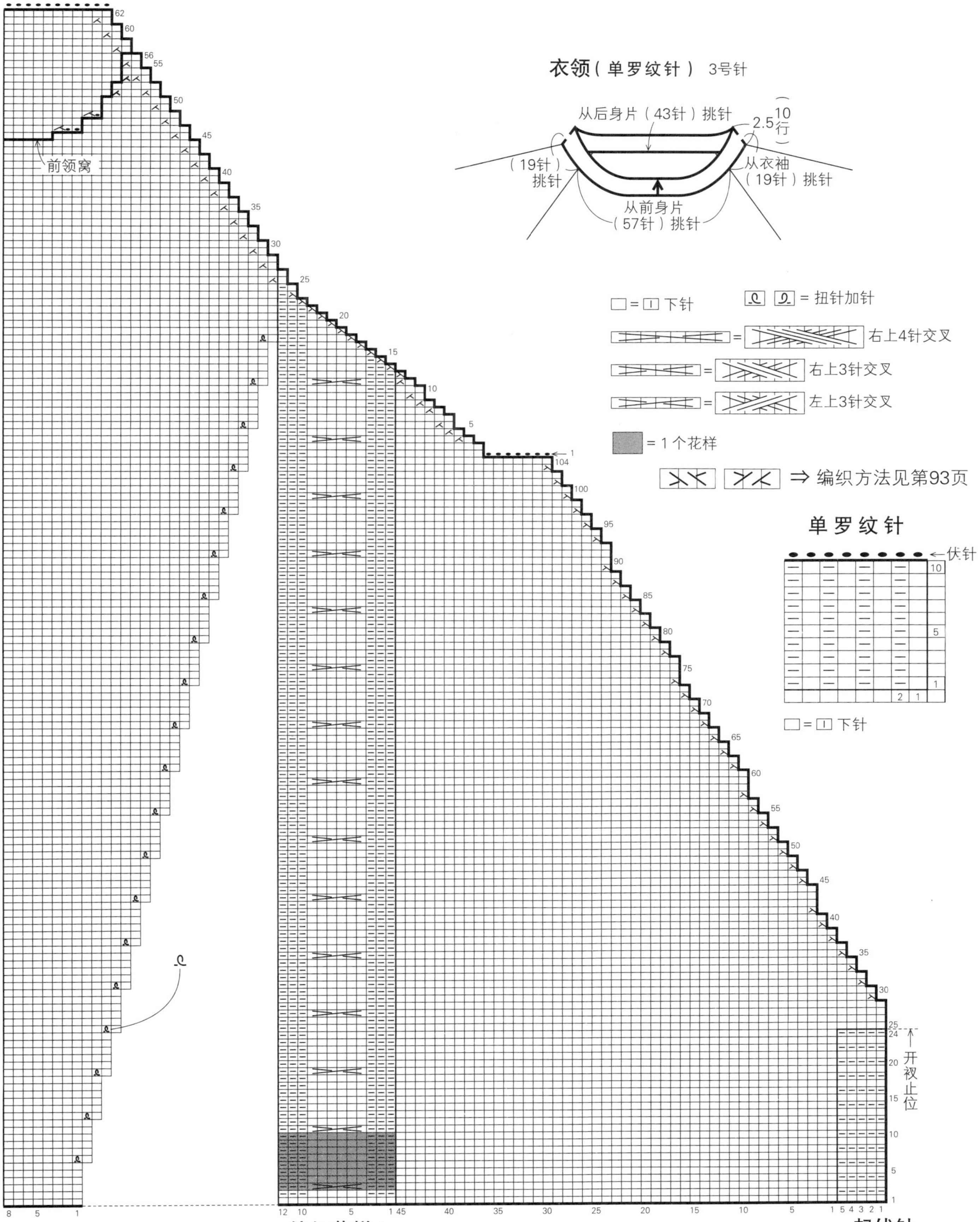

编织花样A

12针、8行1个花样

起伏针

02

4页

●**材料** SKI TASMANIAN POLWARTH（粗）浅灰色（7003）300g/8团，SKI PREMIUM MOHAIR（极细）浅灰色（118）90g/5团

●**工具** 棒针7号、6号、5号

●**成品尺寸** 胸围92cm，衣长58cm，连肩袖长70cm

●**编织密度** 10cm×10cm面积内：下针编织（7号）、编织花样A（6号）均为20针，29行

●**编织要点** 全部用POLWARTH和MOHAIR各取1根线并为1股进行编织。身片、衣袖均手指起针，下摆、袖口编织单罗纹针、编织花样A、下针编织，注意编织中途棒针号数的改变。腋下编织伏针，插肩线编织时注意编织花样B换成编织花样B'，并在内侧进行减针。插肩线做挑针缝合，侧片做下针无缝缝合。衣领环形挑针，编织单罗纹针，最后做下针织下针、上针织上针的伏针收针。胁部和袖下做挑针缝合。

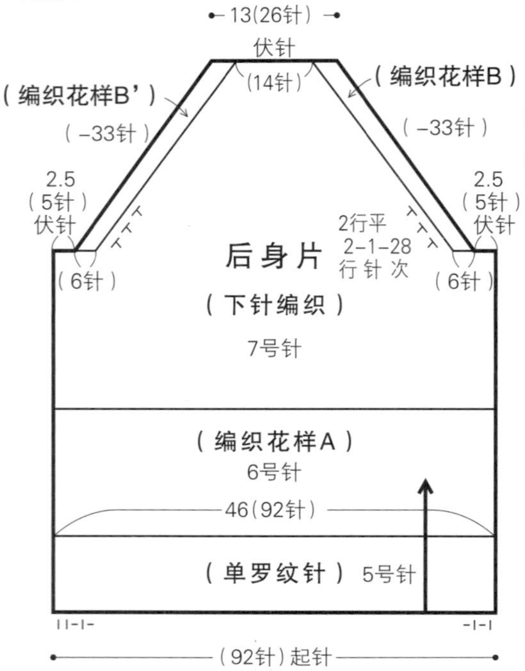

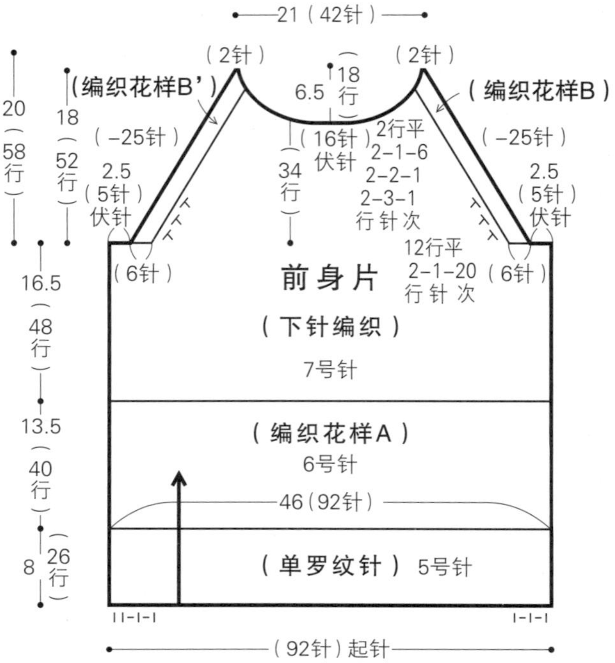

※全部用POLWARTH和MOHAIR各取1根线并为1股进行编织

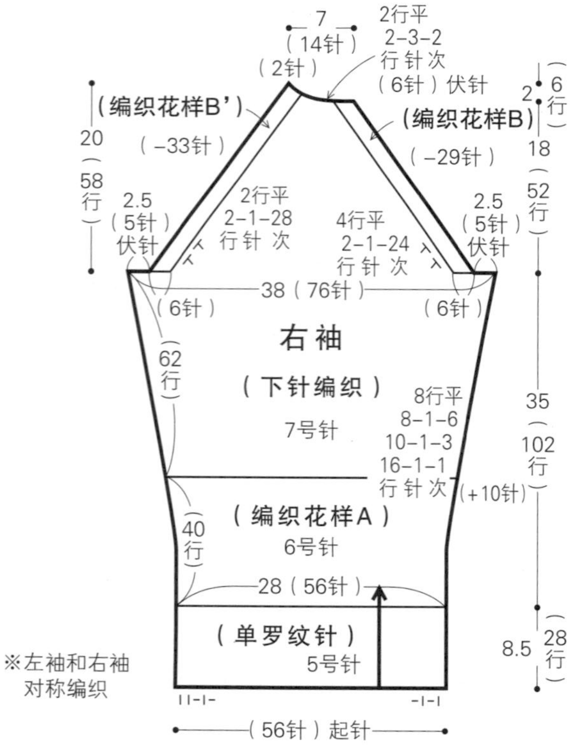

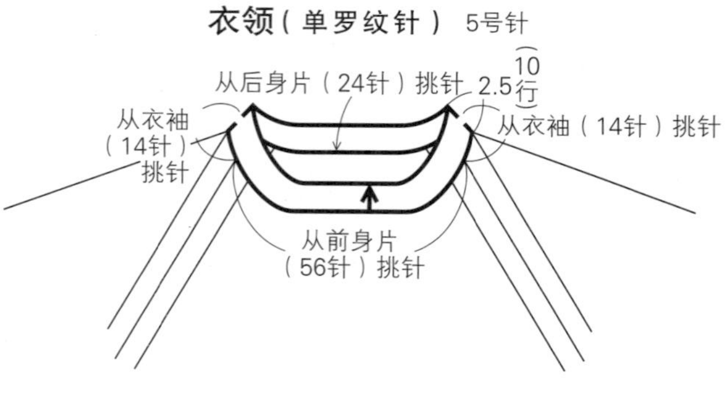

编织花样B'

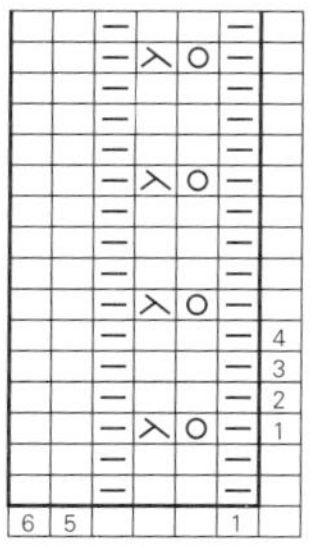

□=□ 下针

编织花样B

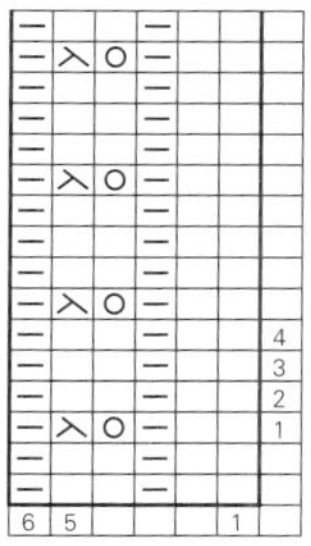

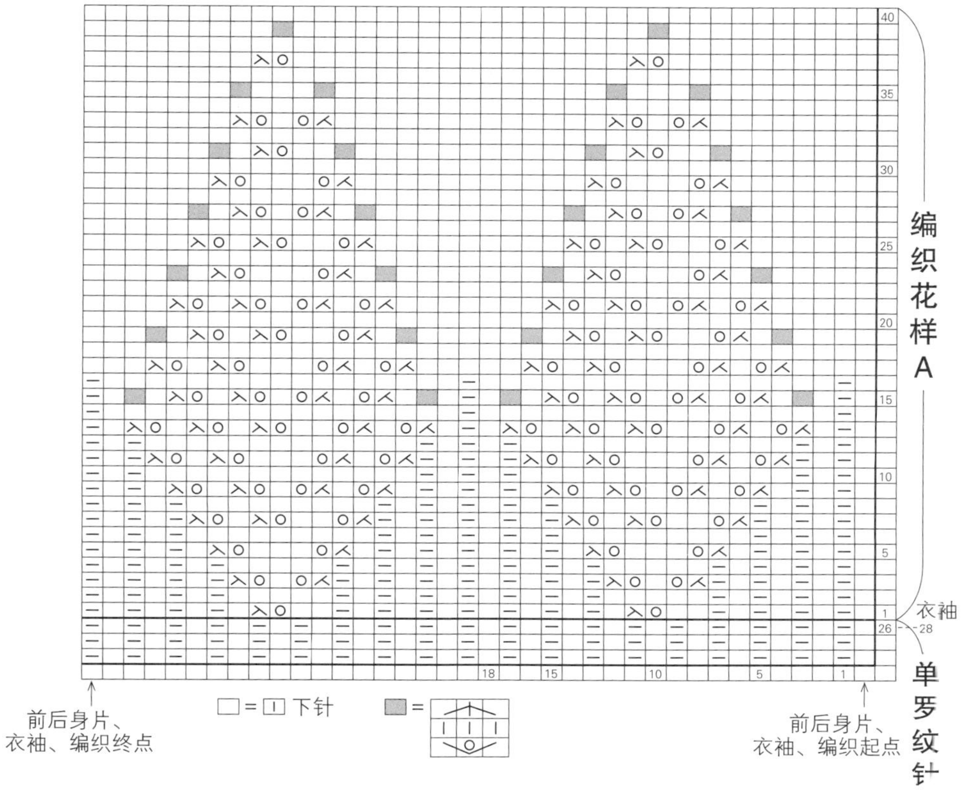

●作品07 接50页

编织花样（后身片）

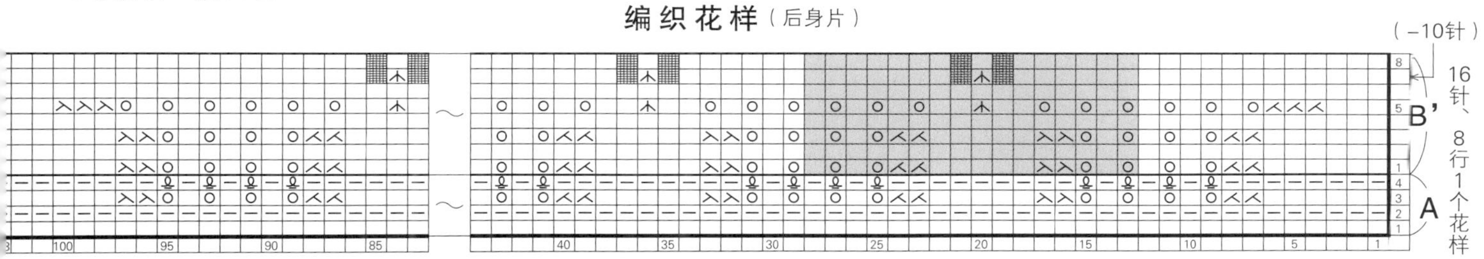

□=□ 下针

■= 1个花样 ▦= 无针目处

编织花样（前身片）

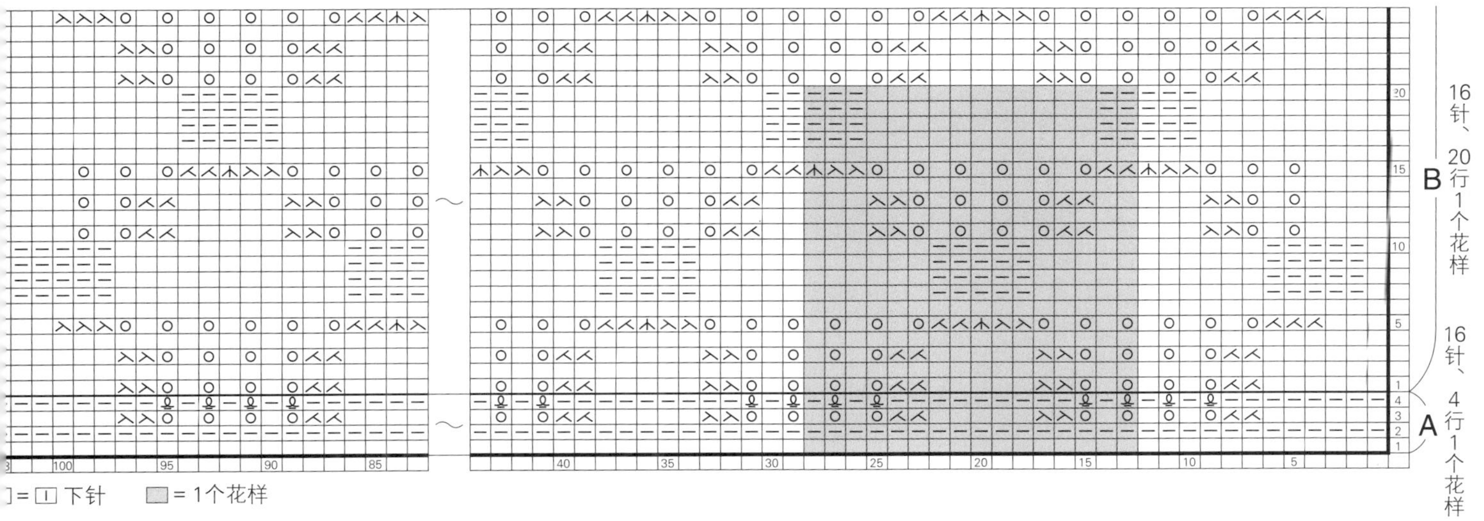

□=□ 下针 ■= 1个花样

03

5页

●**材料** SKI TASMANIAN POLWARTH(粗)浅米色(7025)395g/10团

●**工具** 棒针6号、4号、3号

●**成品尺寸** 胸围108cm，衣长66cm，连肩袖长69cm

●**编织密度** 10cm×10cm面积内：下针编织23针，32行；编织花样24针，33行

●**编织要点** 身片手指起针开始编织双罗纹针，在花样切换位置处加1针，然后无加减针做编织花样。领窝减2针及以上时做伏针减针、减1针时立起侧边1针减针。前后身片的肩部正面相对对齐，做盖针接合。衣袖从身片挑针做下针编织，立起侧边2针减针。袖口编织双罗纹针，最后做上针织上针、下针织下针的伏针收针。衣领环形挑针，编织双罗纹针，并调整编织密度的同时，做伏针收针。胁部和袖下做挑针缝合。

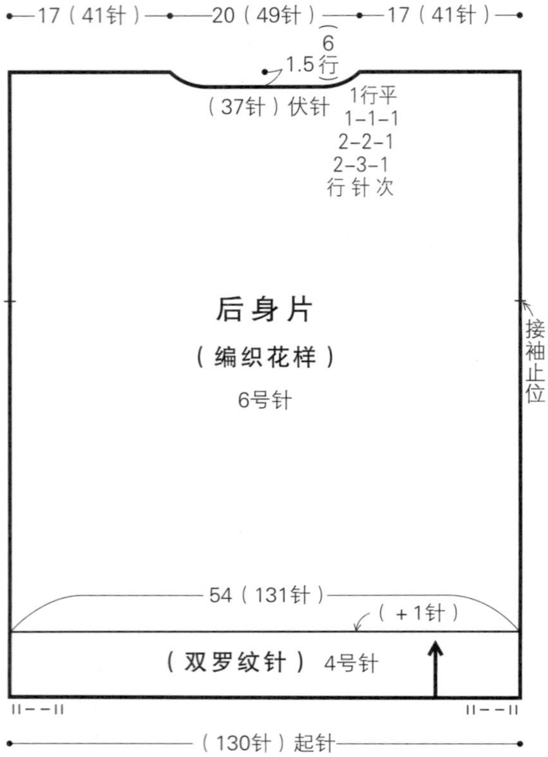

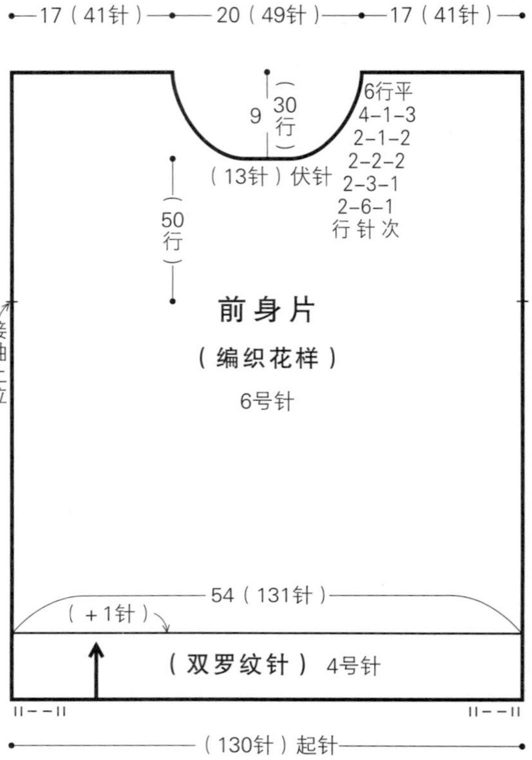

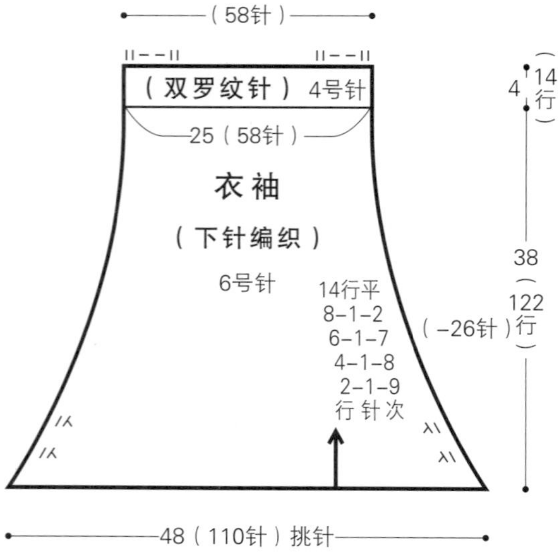

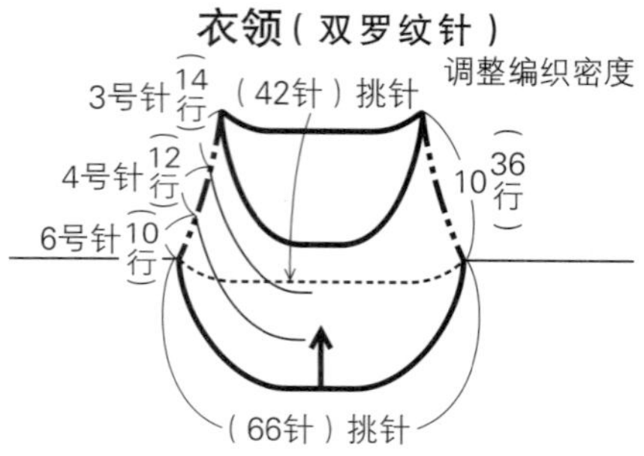

双罗纹针

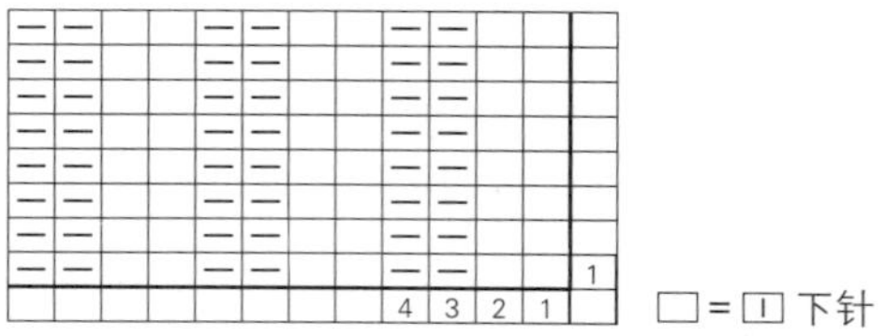

编织花样

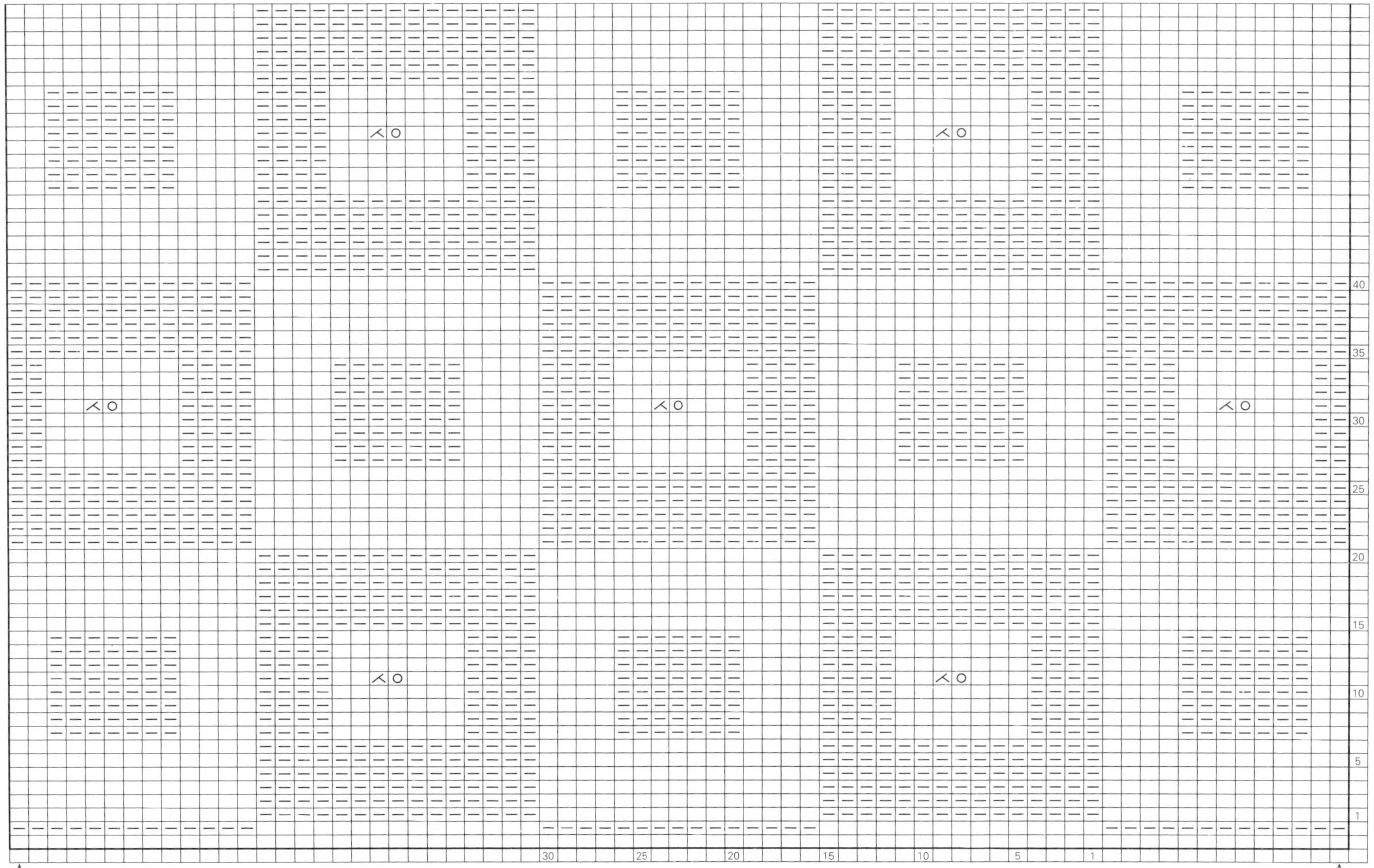

编织终点　□ = ⊡ 下针　编织起点

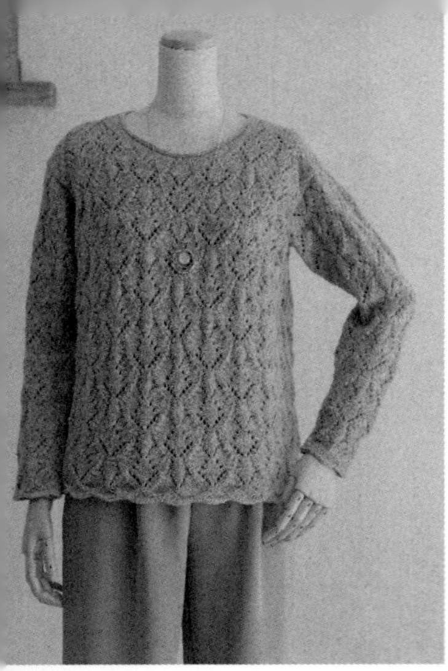

04

6页

●**材料** SKI LANA MELANGE（粗） 黄色系（2822）360g/12团

●**工具** 棒针7号、6号

●**成品尺寸** 胸围104cm，衣长56cm，连肩袖长67cm

●**编织密度** 10cm×10cm面积内：编织花样B 23.5针，29行

●**编织要点** 身片手指起针开始做编织花样A，然后做编织花样B。袖窿处做伏针编织，领窝减2针及以上时做伏针减针、减1针时立起侧边1针减针。衣袖按照身片的方法进行起针，做编织花样，袖下部分在侧边1针的内侧做扭针加针。肩部做引拔接合。衣领环形做上针编织，编织终点边编织上针边做伏针收针。衣袖和身片做针与行的接合。胁部和袖下做挑针缝合。

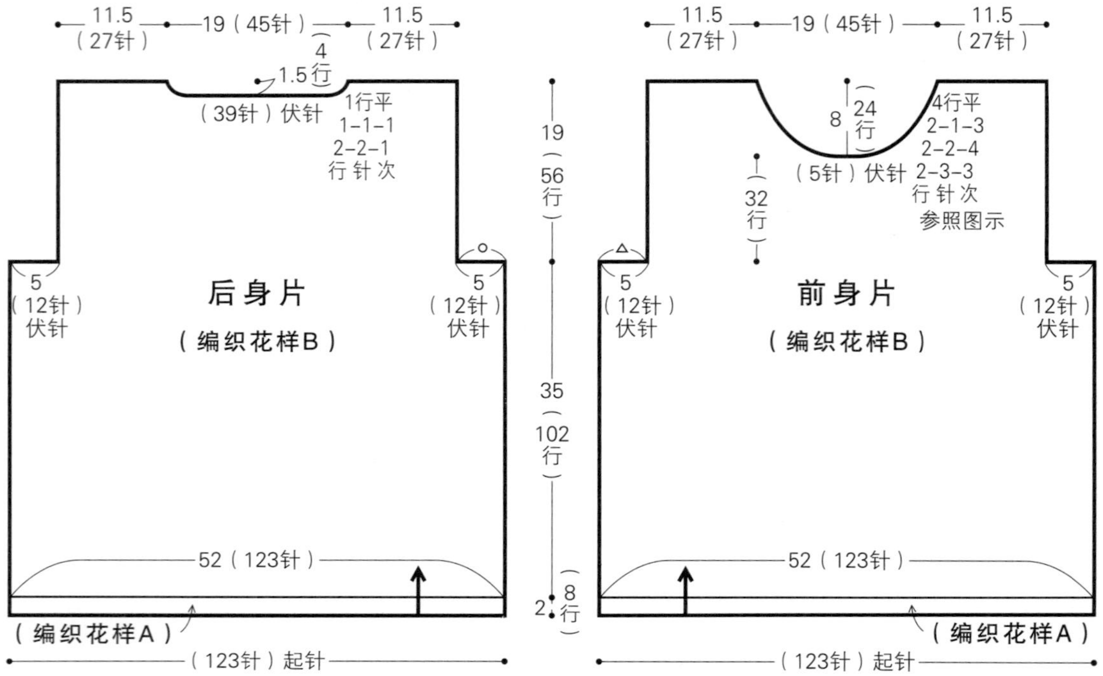

※ 除衣领以外均用7号针编织

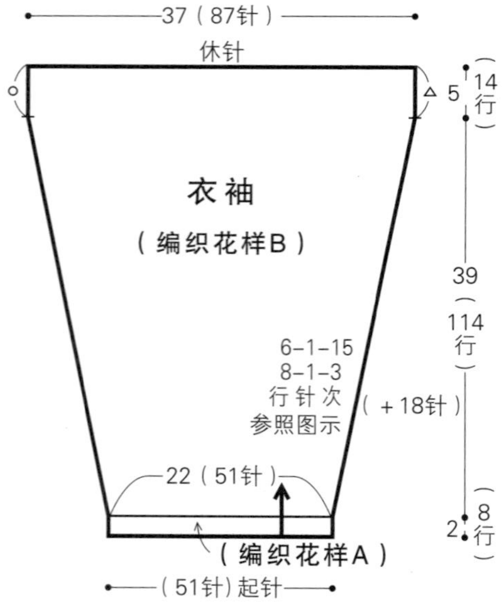

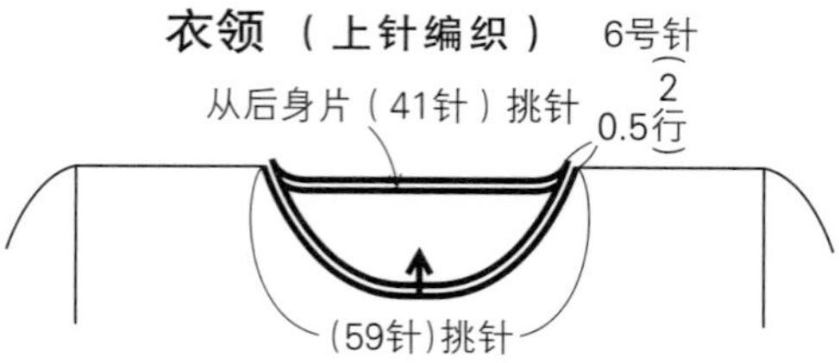

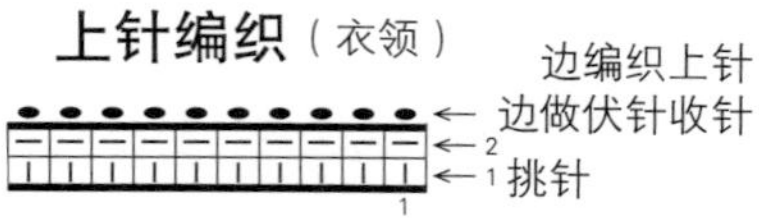

编织花样

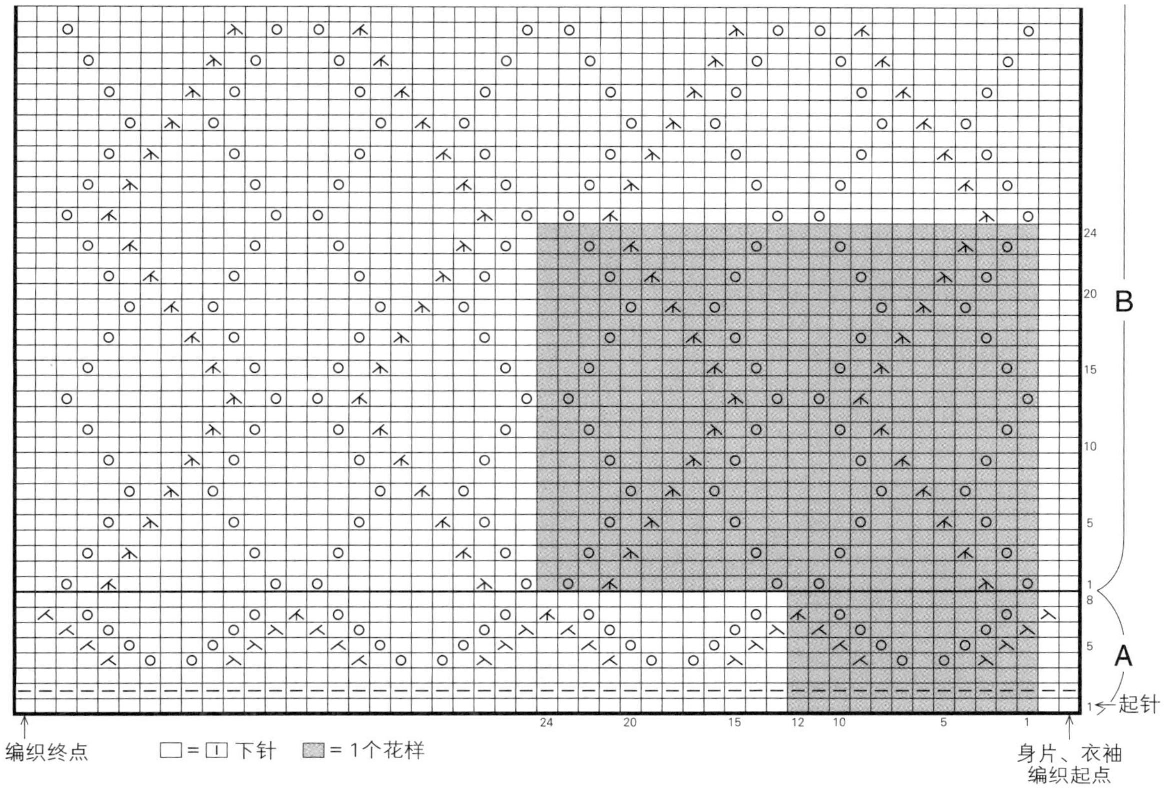

⊼ ⇒ 编织方法见93页

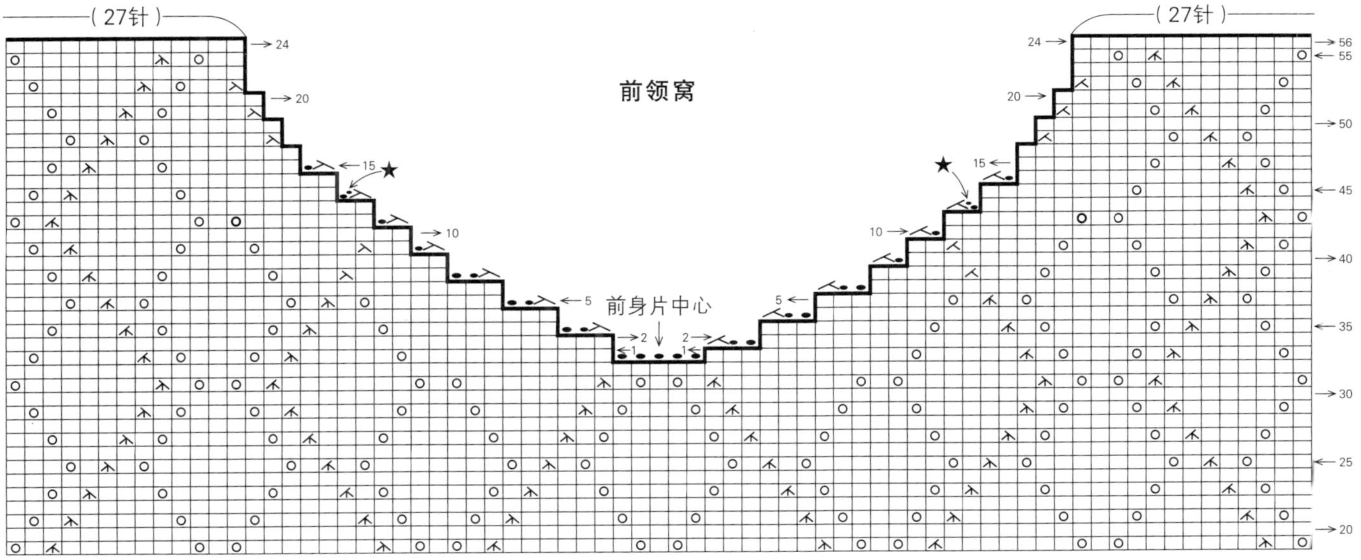

□=□ 下针

★=上一行或者上上一行的花样（O）处加了1针，所以减3针

袖下

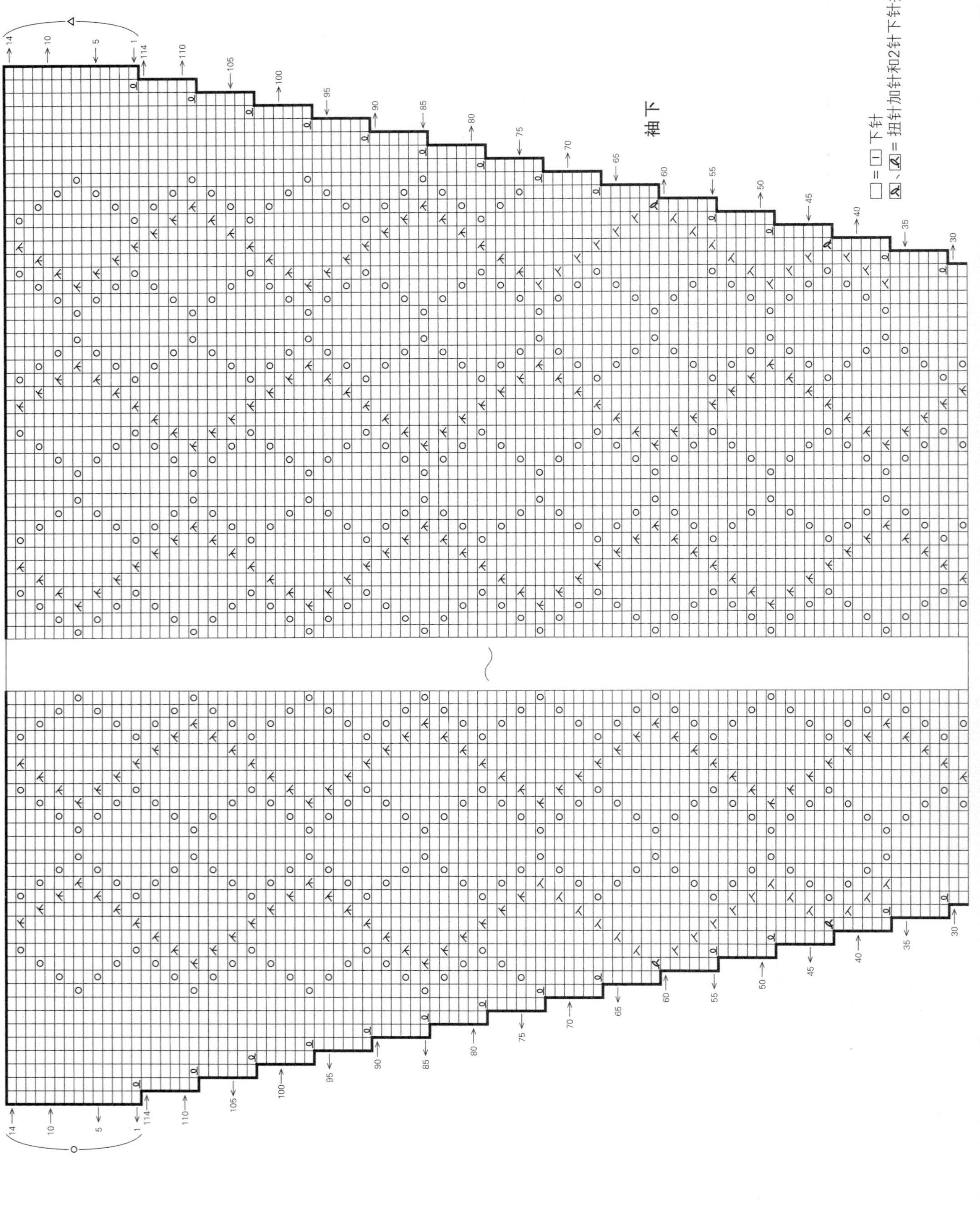

□=□ 下针

ℓ、ℓ = 扭针加针和2针下针并1针

05

7页

●**材料** SKI LANA MELANGE（粗） 土黄色系（2824）445g/15 团

●**工具** 棒针 6 号、5 号，钩针 6/0 号、5/0 号

●**成品尺寸** 胸围 96cm，肩宽 37cm，衣长 57cm，袖长 50.5cm

●**编织密度** 10cm×10cm 面积内：上针编织 23.5 针，30 行；编织花样 A 27 针，30 行

●**编织要点** 身片用 6/0 号钩针在 5 号棒针上编织嵌入起针，编织起伏针、编织花样 B。紧接着做上针编织、编织花样 A。编织花样 A 按照图示进行加针。肋部立起侧边针目进行减针，在 1 针内侧做扭针加针。领窝、袖窿减 2 针及以上时做伏针减针、减 1 针时立起侧边 1 针减针。衣袖按照身片的方法进行编织，袖下在侧边 1 针内侧做扭针加针。前后肩部 4 处边减针边做盖针接合。衣领环形挑针做编织花样 A，从身片继续做编织花样，按照图示减针之后，编织起伏针，做伏针收针。肋部和袖下做挑针缝合，衣袖钩引拔针接合到身片上。

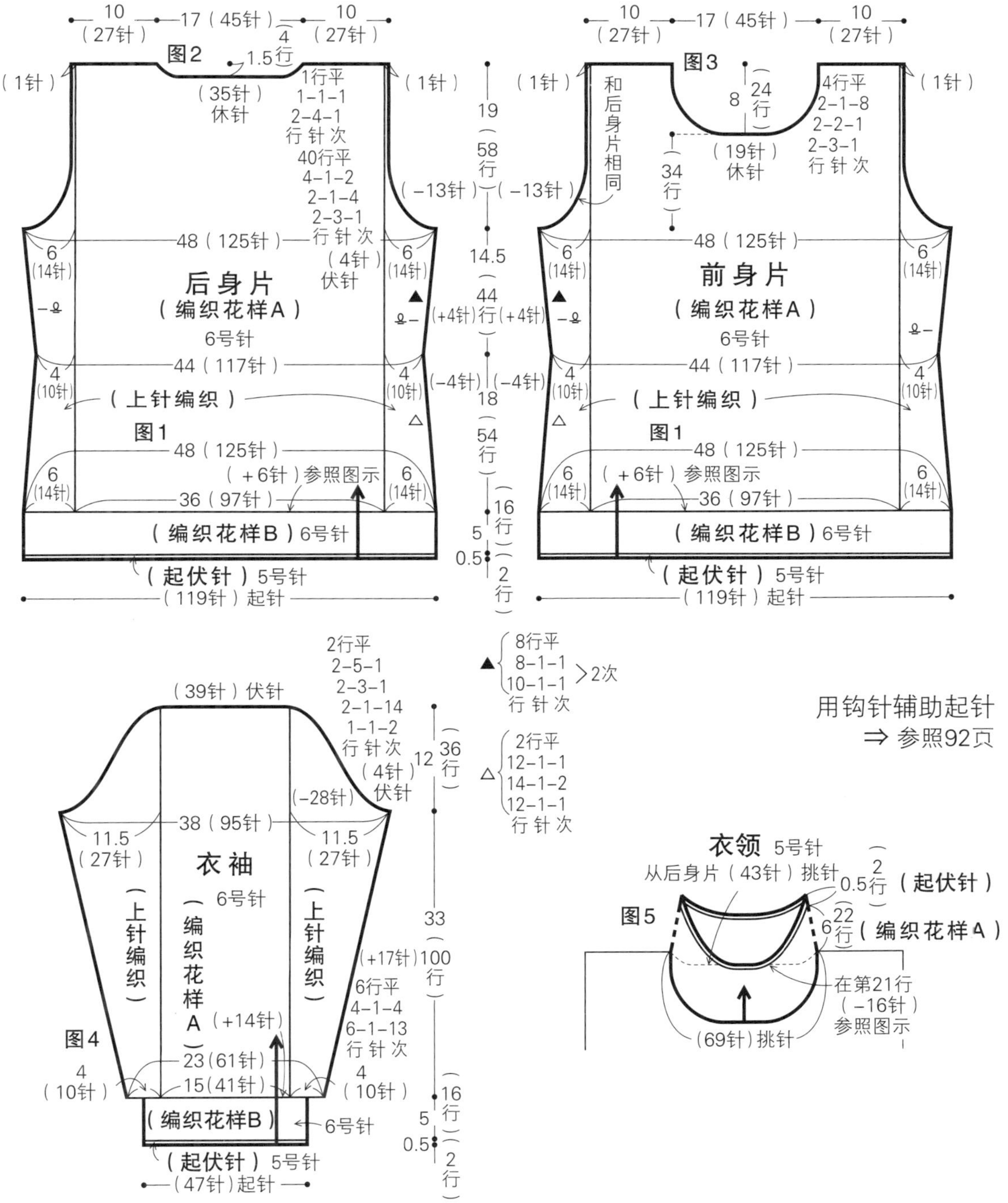

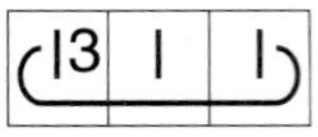

3针卷针的绕线编

本书作品中
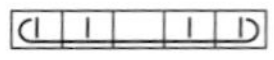 = 5针上绕2次线后返回

①
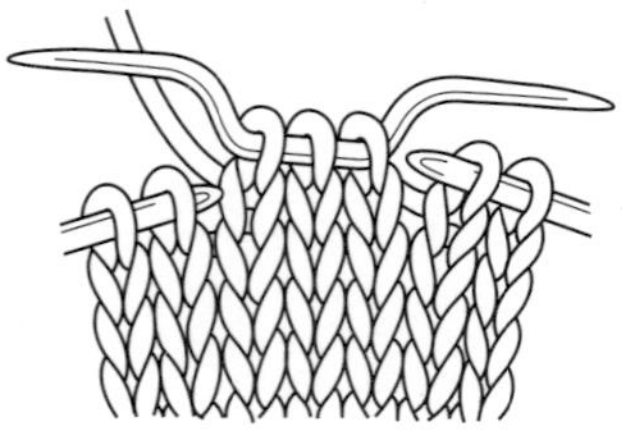

②
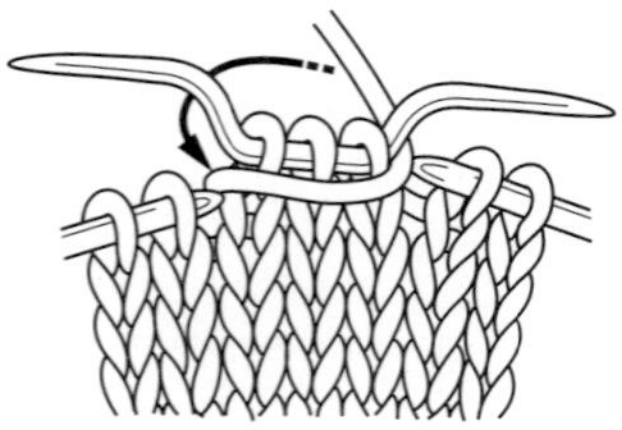

③
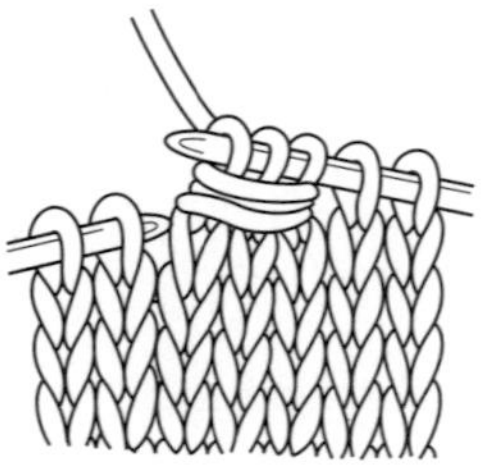

图5
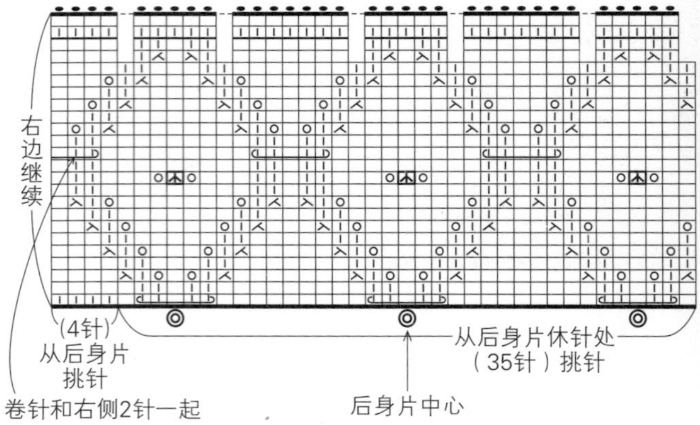

◎ = 用第1行的挑针编织花样

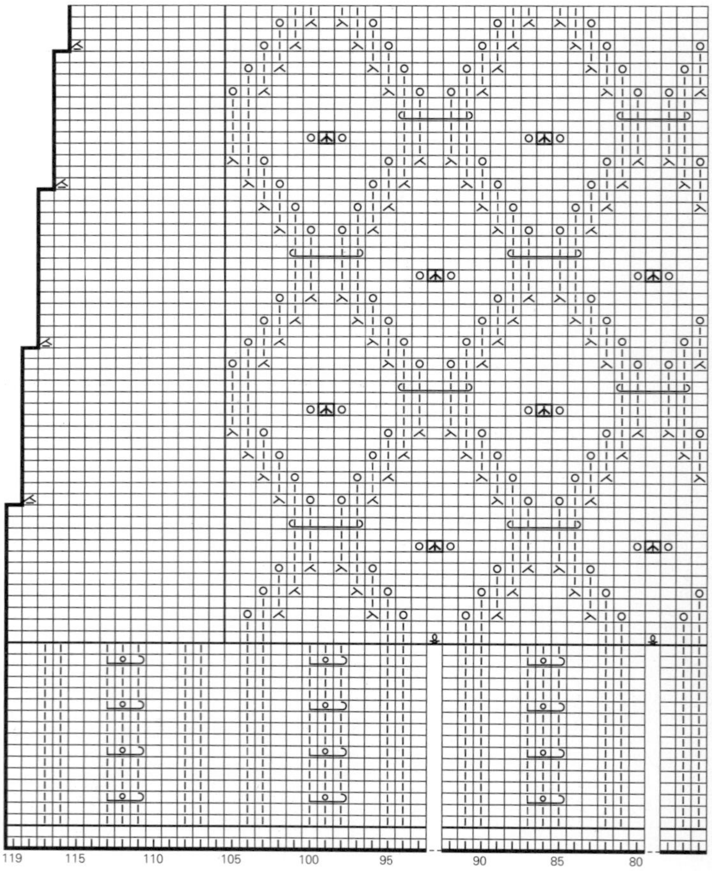

衣领

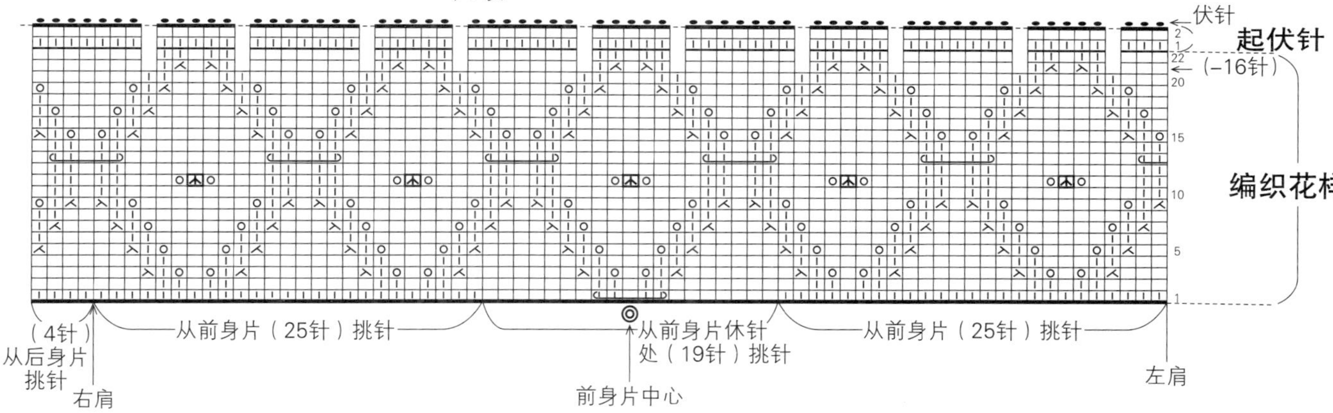

编织花样　　图1　前后身片的编织方法

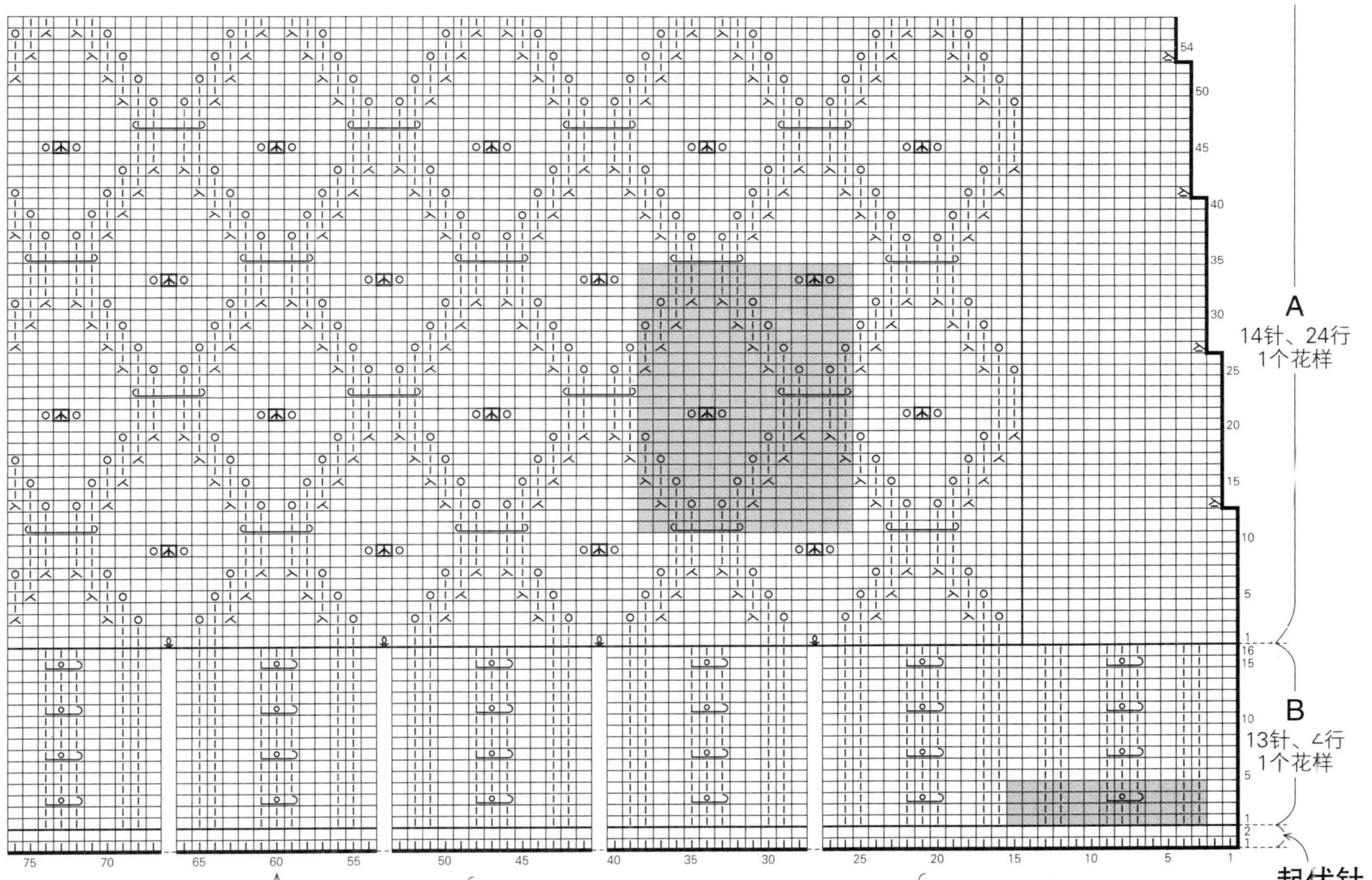

□ = ⊟ 上针

编织5针，移到其他棒针上，5针上绕2次线，然后返回

上针的扭针加针

中上3针并1针
用5/0号钩针，
钩织中长针的枣形针、
1针锁针

■ = 1个花样

⇒ 参照95页

⇒ 参照47页

图 2

后领窝

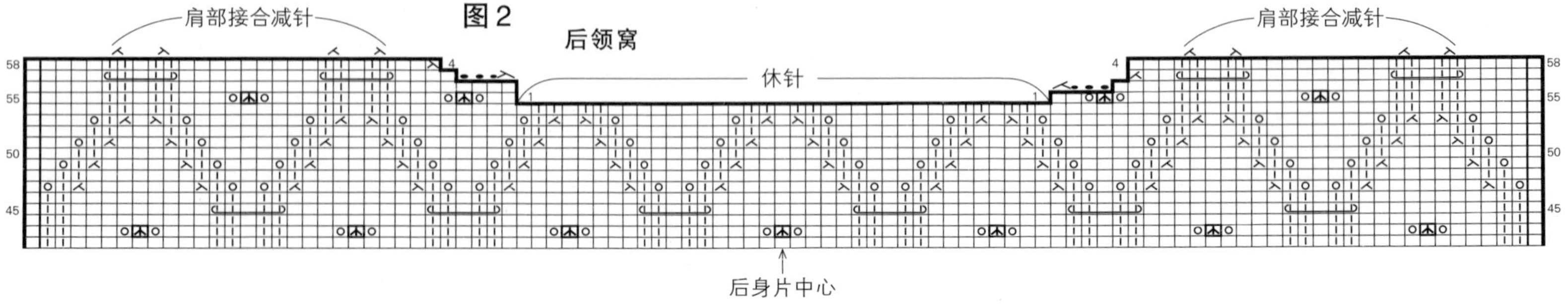

图 3

前领窝

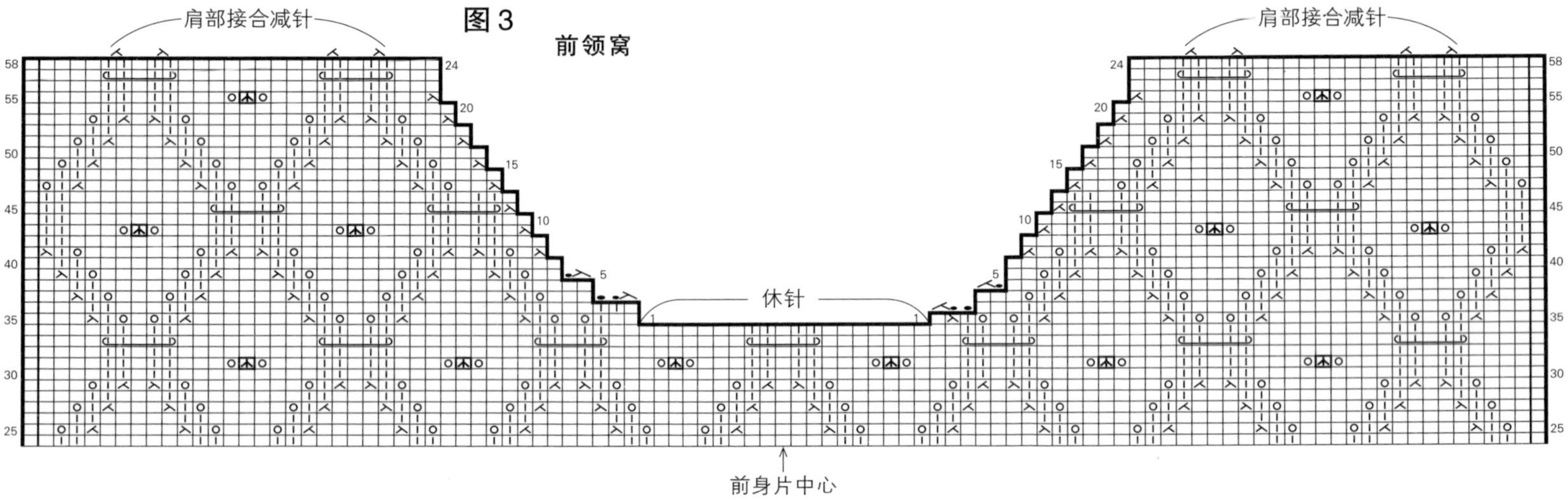

___ = 编织5针，移到其他棒针上，5针上绕2次线，然后返回

___ = ㅡ 上针

___ = 中上3针并1针用5/0号钩针，钩织中长针的枣形针、1针锁针

图 4
衣袖的编织方法

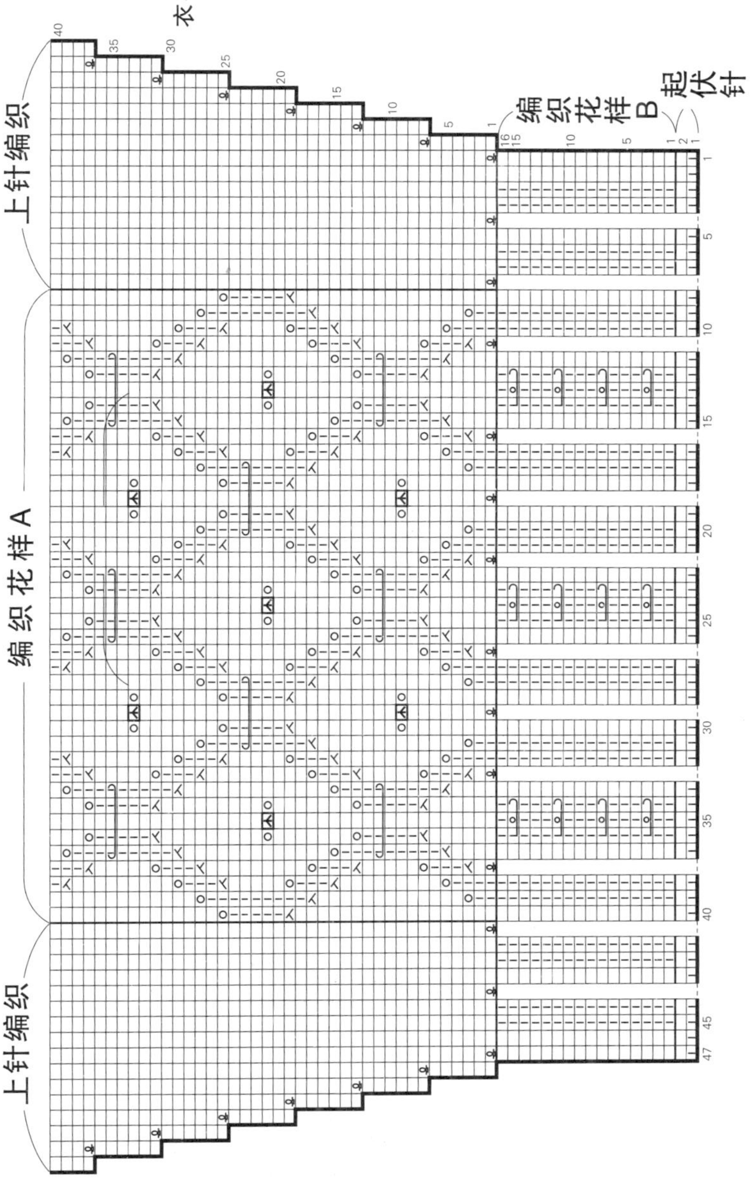

囚 = 中上3针并1针，用5/0号钩针，钩织中长针的变形针、1针锁针

□ = ㊀ 上针

[符号] = 编织5针，移到其他棒针上，5针上绕2次线，然后返回

[符号] = 上针的扭针加针

穿过左针的盖针（3针的情况）

①

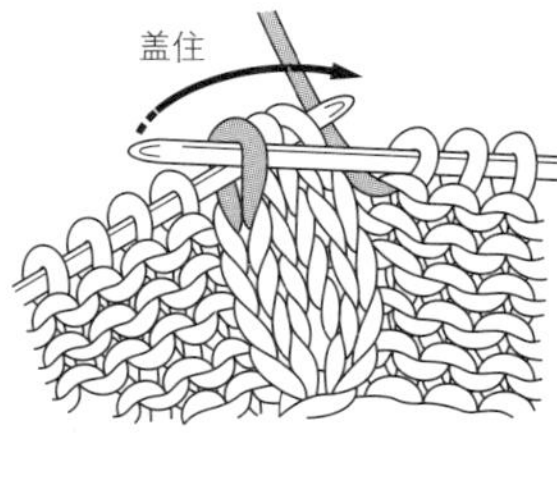

如图所示把右棒针插入第3针的针目里，盖住右边的2针。

②

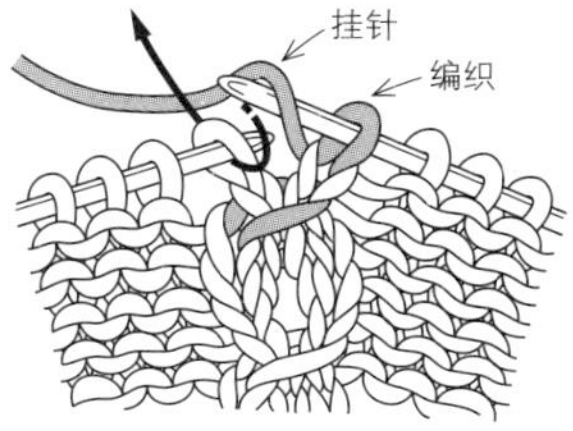

在右边的针目里织下针，然后挂针。

③

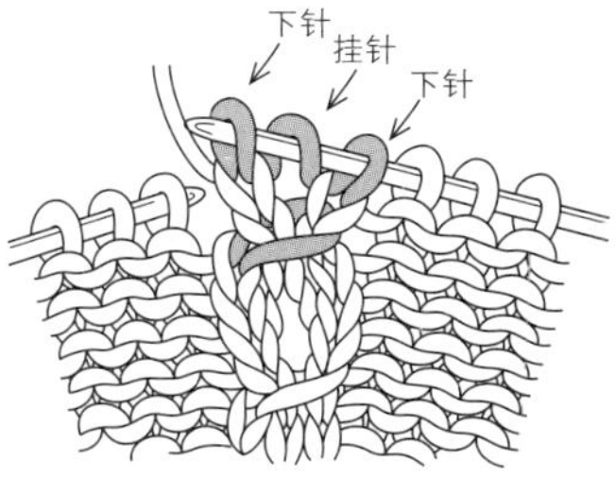

在剩下的针目里织下针，完成。

06

8 页

●**材料** SKI UK BLEND MELANGE（极粗）砖红色（8009）400g/10 团

●**工具** 棒针 10 号、8 号，钩针 7/0 号

●**成品尺寸** 胸围 104cm，衣长 49cm，连肩袖长 66cm

●**编织密度** 10cm×10cm 面积内：下针编织 14.5 针，20 行；编织花样 14.5 针，23.5 行

●**编织要点** 身片手指起针，编织起伏针、编织花样、下针编织。领窝处做伏针减针，斜肩做留针的引返编织。衣袖编织起伏针，然后在编织花样的两侧 3 针处编织起伏针，在下针编织处侧边 1 针内侧做扭针加针。前后肩部做盖针接合。衣袖和身片做针与行的接合。胁部和到开衩止位处的袖下做挑针缝合。衣领环形编织起伏针，最终针目用钩针从反面做引拔收针。

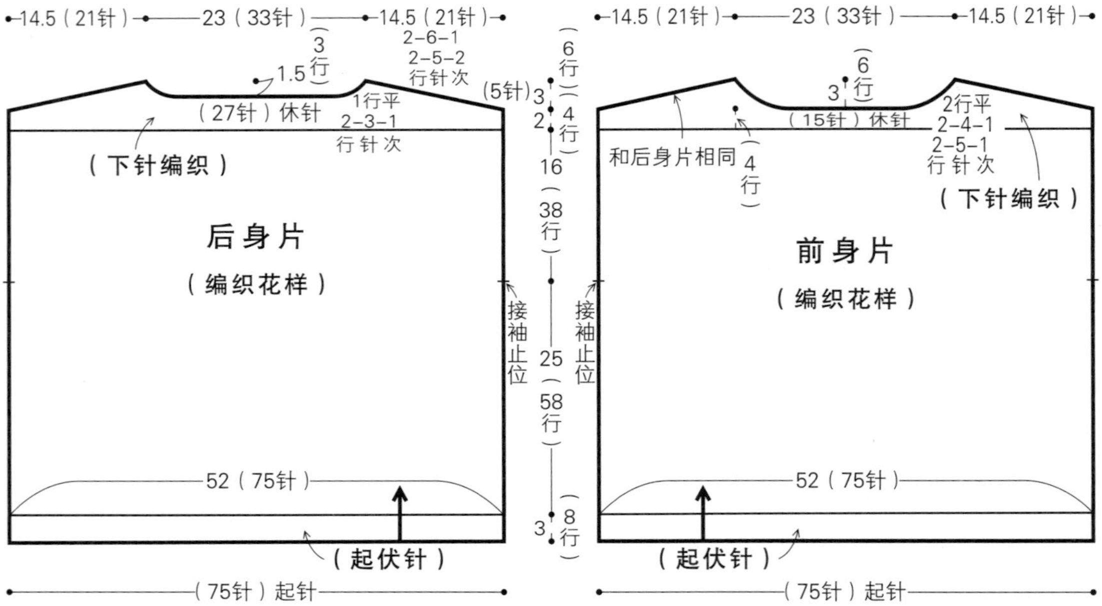

※ 除衣领以外均用10号针编织

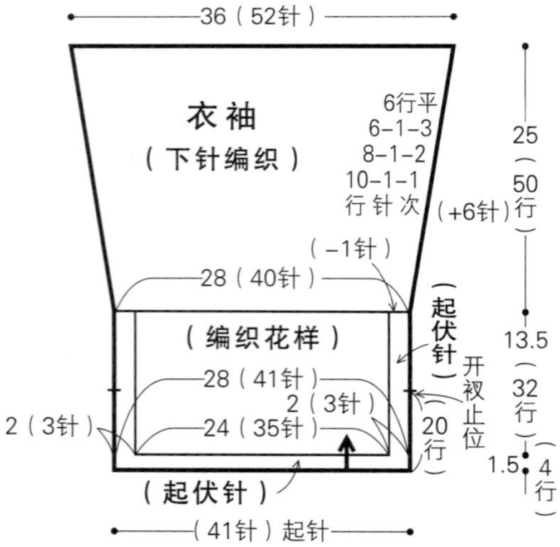

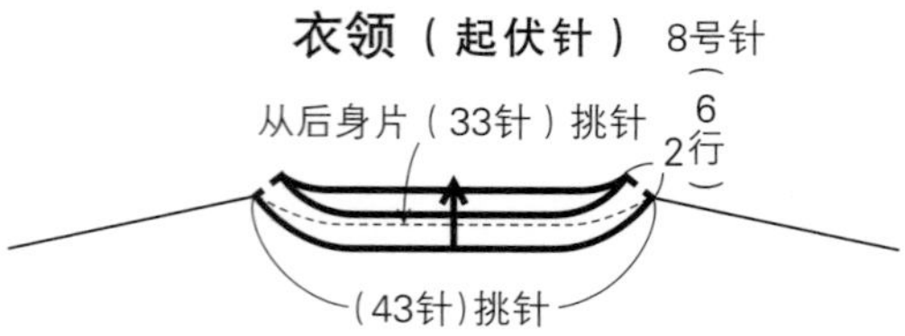

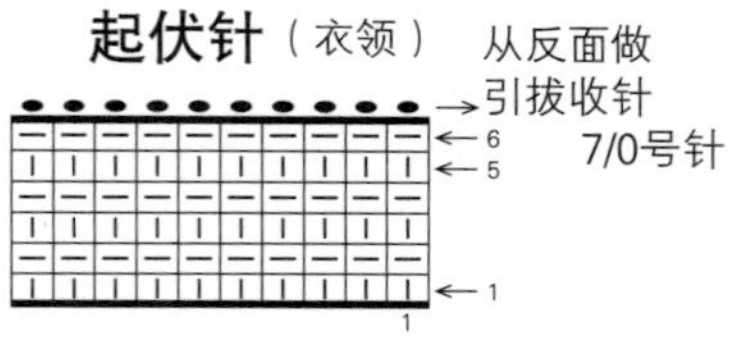

编织花样（身片）

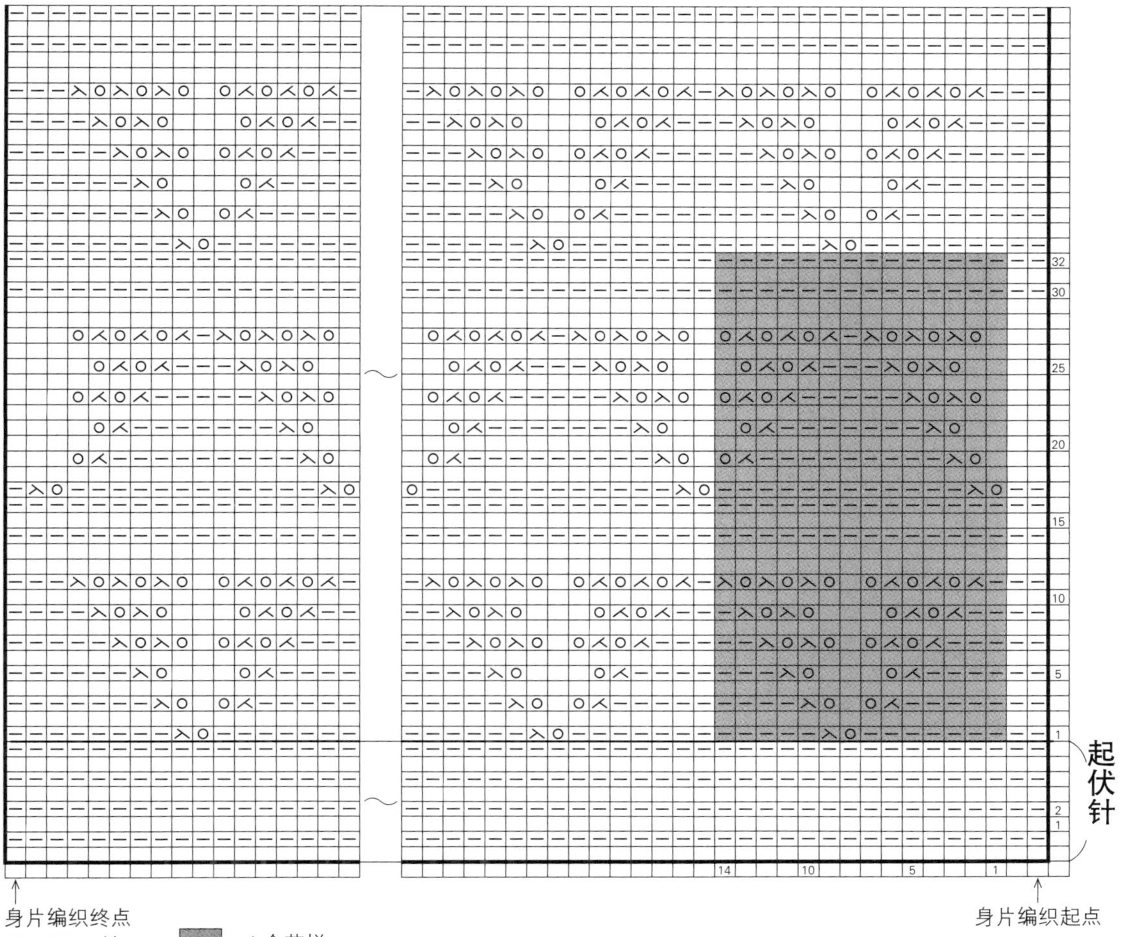

□=□ 下针　　■=1个花样

编织花样（衣袖）

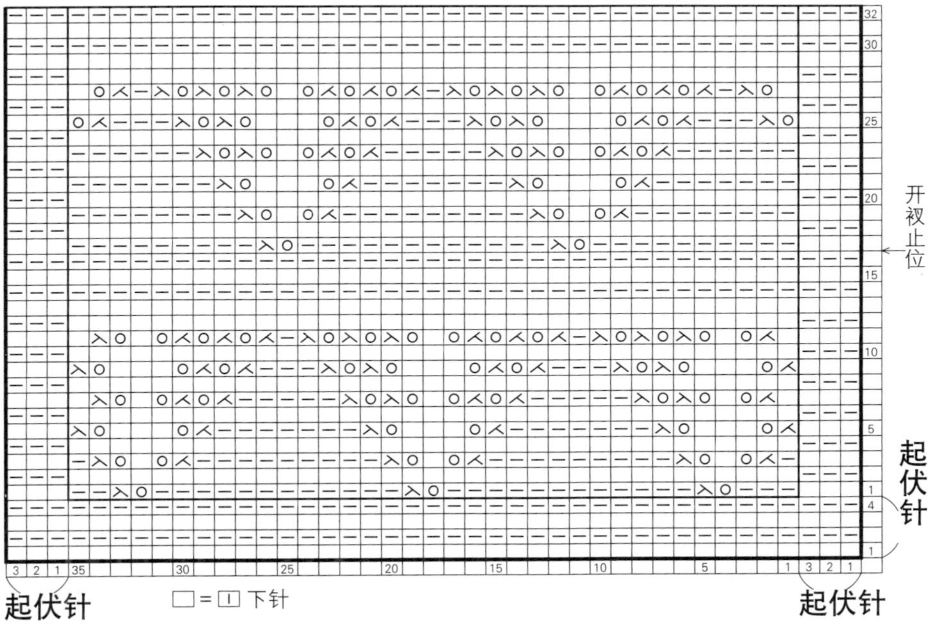

□=□ 下针

07

9页

●**材料** SKI 风花（中细） 芥末黄色（2015）320g/11 团

●**工具** 棒针 6 号、4 号

●**成品尺寸** 胸围 96cm，衣长 52cm，连肩袖长 24.5cm

●**编织密度** 10cm×10cm 面积内：下针编织 19.5 针，27 行；编织花样 B、B' 21.5 针，27 行

●**编织要点** 全部用 2 根线进行编织。后身片手指起针，先做编织花样 A，接着做编织花样 B'，其中在第 7 行利用花样进行减针，之后做下针编织。前身片做编织花样 A 和 B。领窝处立起侧边针目减针。肩部接合时，前身片 3 处，2 针并 1 针进行减针的同时做盖针接合。胁部做挑针缝合。衣领环形挑针编织起伏针，最后做上针的伏针收针。袖口环形挑针，编织上针的伏针收针。

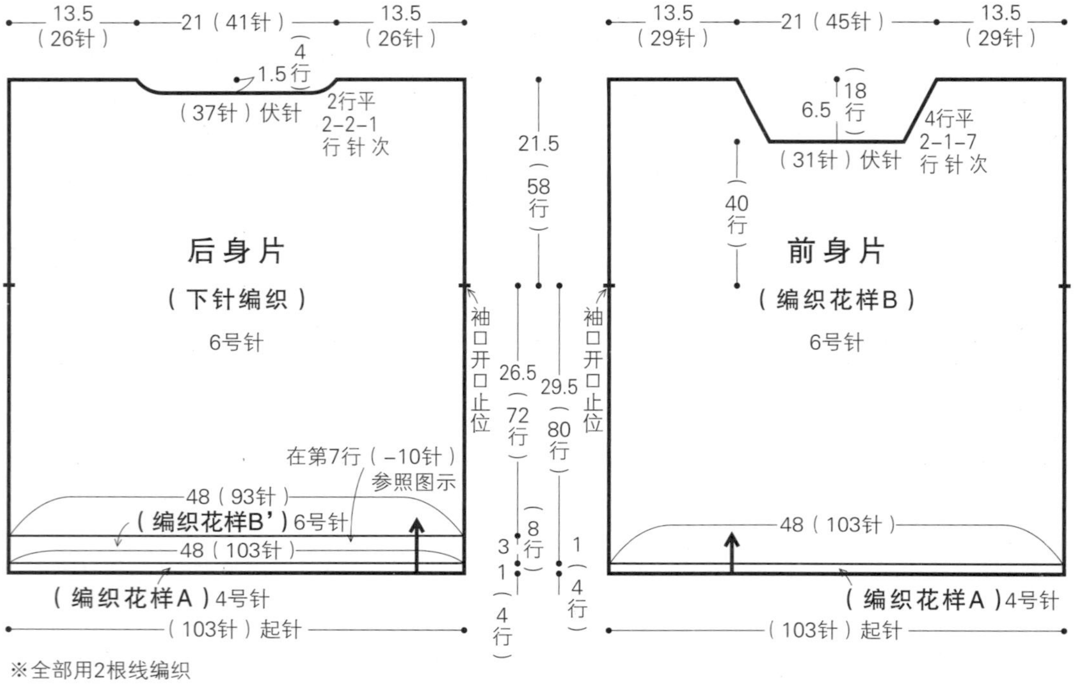

※全部用2根线编织

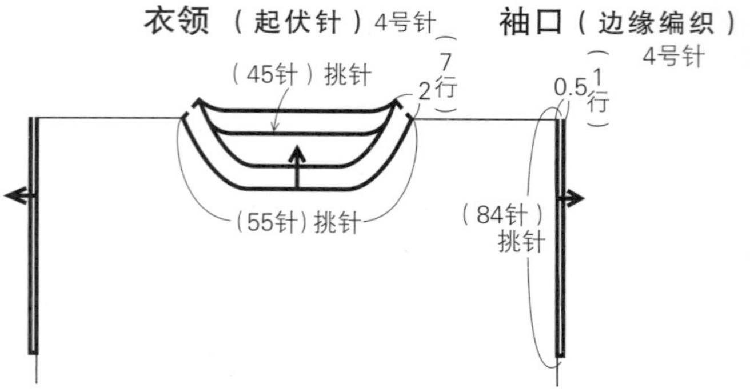

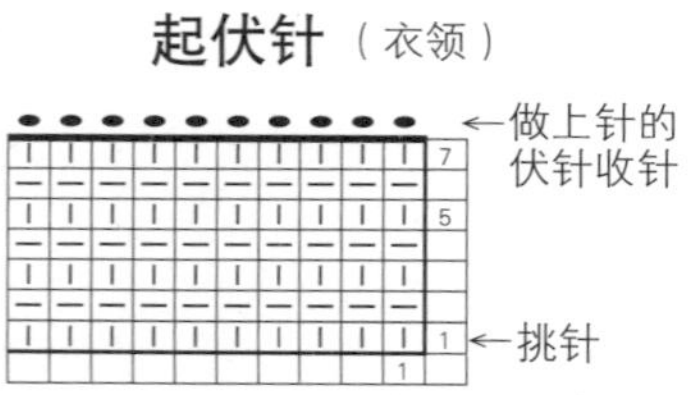

●花样的编织方法参照 37 页

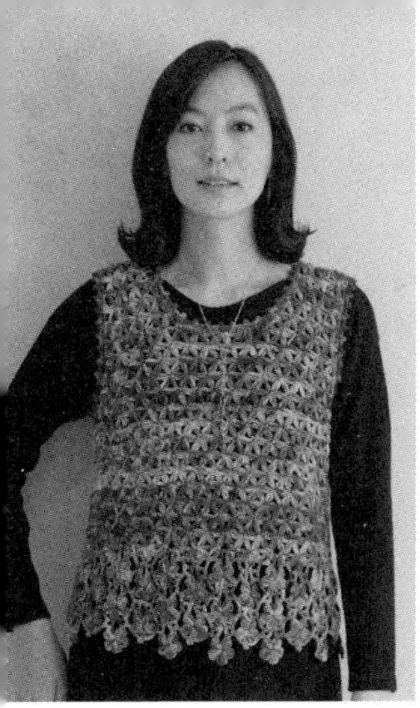

08

11页

●**材料** SKI POLWARTH PLUS HAND DAI（粗）酒红色＋橙色系（7107）250g/8团

●**工具** 钩针6/0号

●**成品尺寸** 胸围96cm，肩宽37cm，衣长53cm

●**编织密度** 编织花样A 1个花样2.7cm×10cm，11行

●**编织要点** 从肩部往下摆编织。后身片锁针起针，挑起锁针的里山开始编织。袖窿参照图1做编织花样A，下摆做编织花样B。注意编织花样A、B和锁针编织走势一样。前身片从后身片肩部挑针，右侧按照图2编织13行，剪线，然后在左侧的第14处接着右侧继续编织。胁部钩引拔针和锁针接合。衣领和袖窿分别环形做边缘编织，在转角部分的第2行做2针并1针减针。

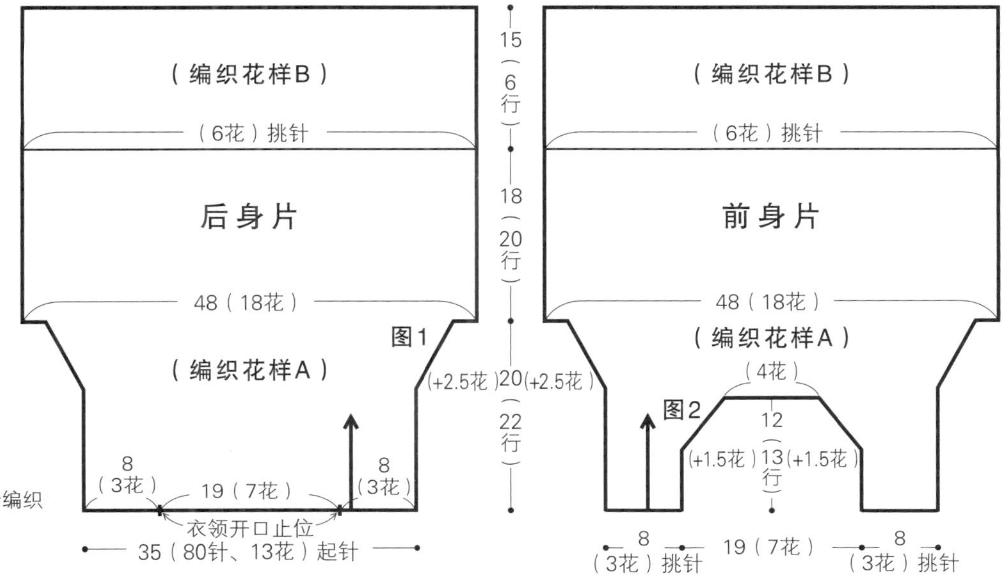

※花=个花样
※全部用6/0号针编织

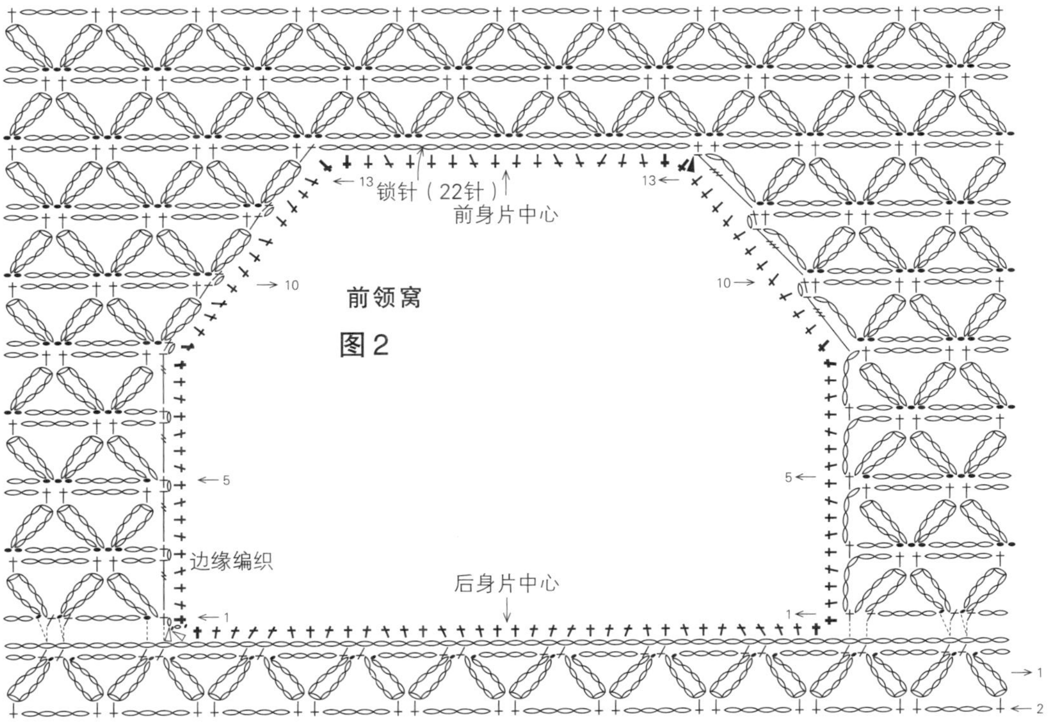

✝＝在第2行编织2针并1针

3针锁针的狗牙拉针

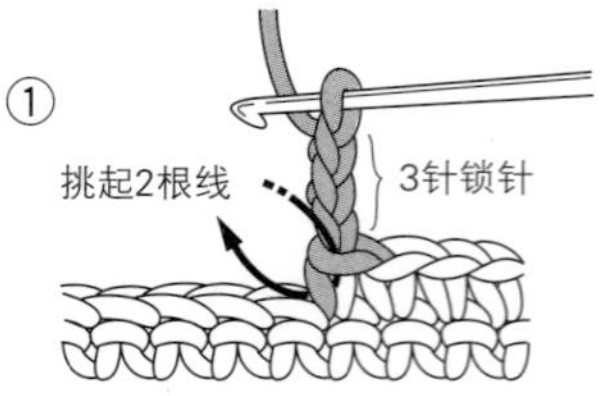

编织3针锁针，如图所示插入钩针。

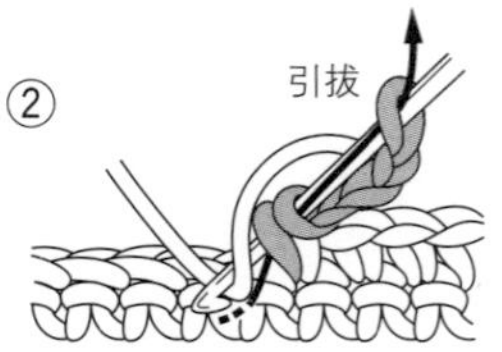

针上挂线，一次性引拔出。

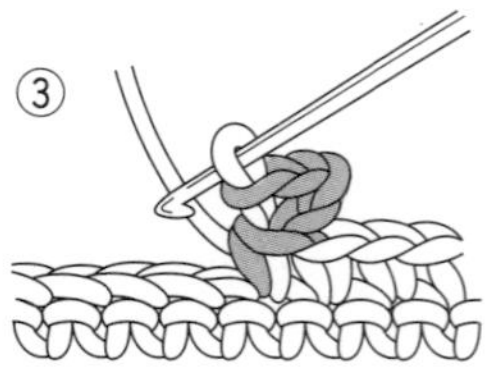

完成。

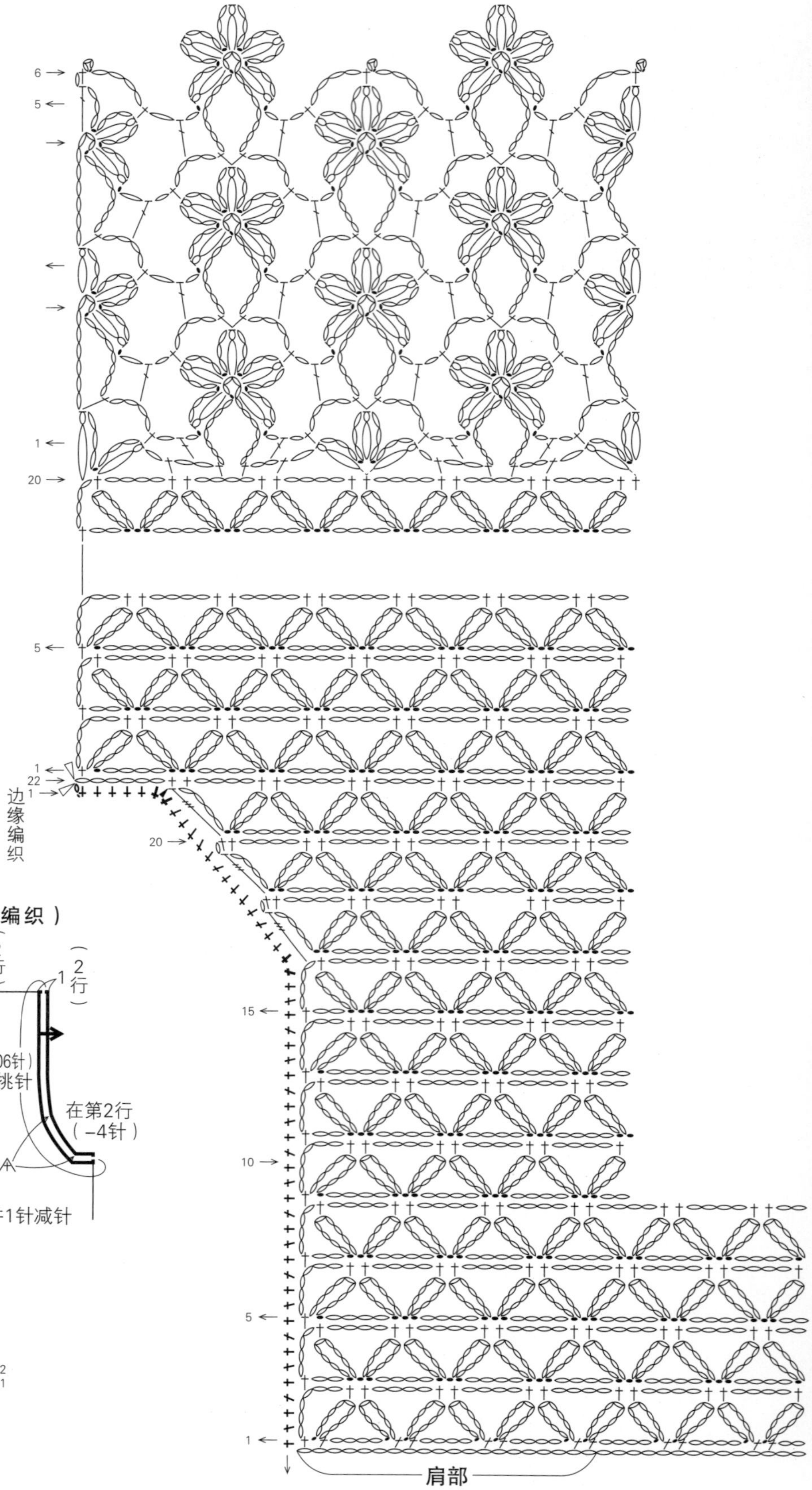

衣领、袖窿（边缘编织）

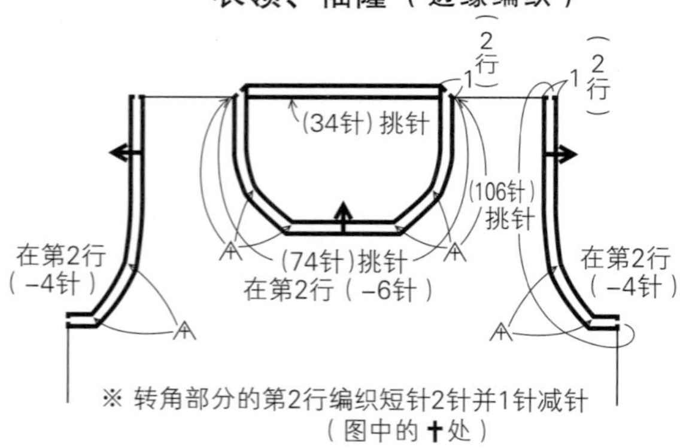

※ 转角部分的第2行编织短针2针并1针减针
（图中的✝处）

边缘编织

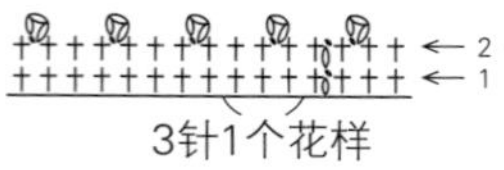

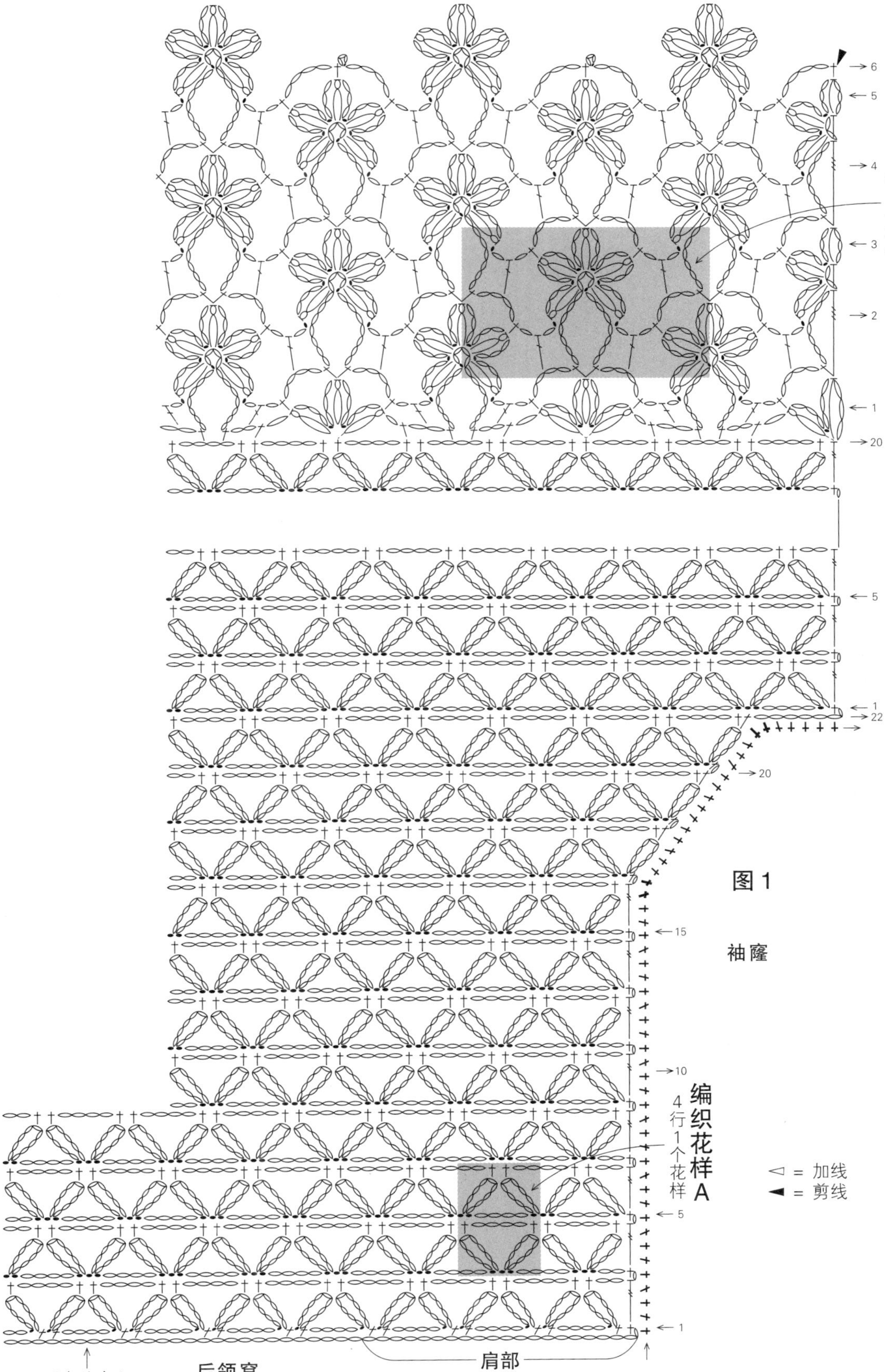

◁ = 加线
◀ = 剪线

花样的编织方法

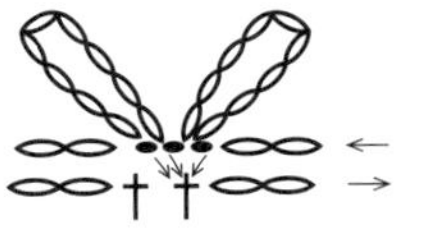

在第1针短针上引拔

09

12 页

●**材料** SKI TRUENO（粗） 米色系（2711） 260g/9 团，直径 2cm 的纽扣 1 颗

●**工具** 钩针 6/0 号

●**成品尺寸** 胸围 101.5cm，衣长 59cm，连肩袖长 34cm

●**编织密度** 10cm×10cm 面积内：编织花样 21 针，12.5 行

●**编织要点** 参照图 1、2，右上前身片和左上前身片做编织花样。后身片从肩部往下摆编织。后身片上部分编织完成后，从右上前身片和左上前身片的标志处，如图所示从反面挑针，无加减针编织身片的下部分。然后继续进行下摆的边缘编织。前后肩部钩引拔针和锁针接合，袖口环形做边缘编织。前门襟和衣领做边缘编织，在右前门襟开扣眼。

边缘编织（下摆、衣领、前门襟）

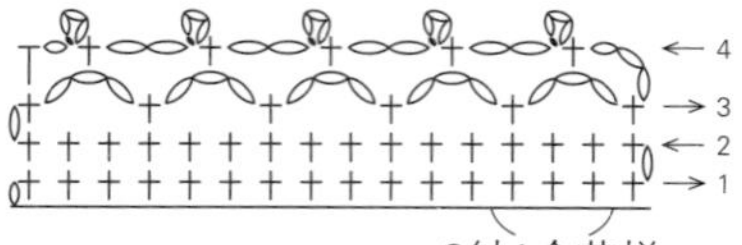

边缘编织（袖口）

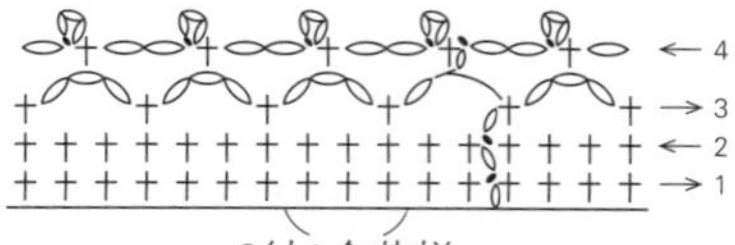

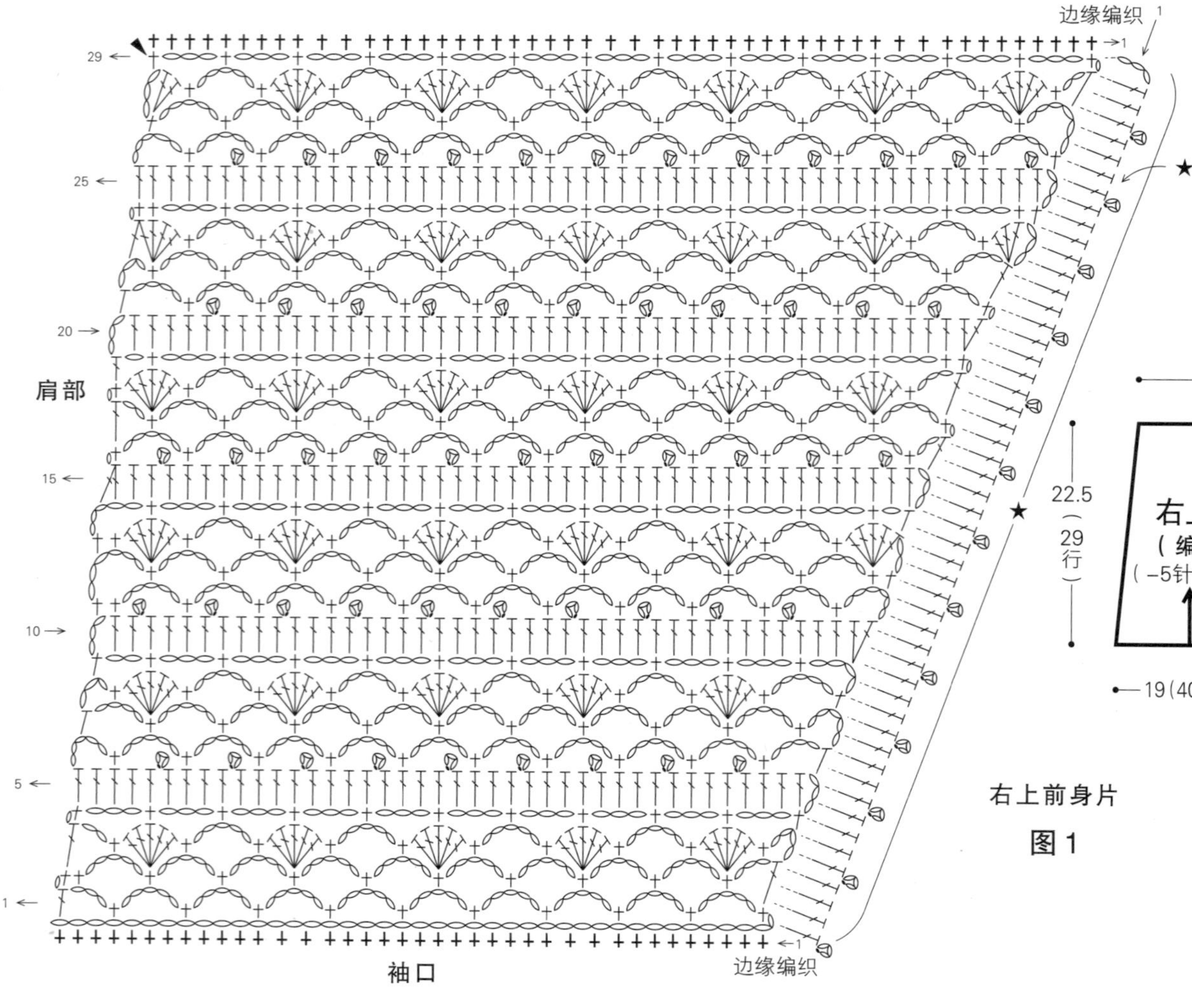

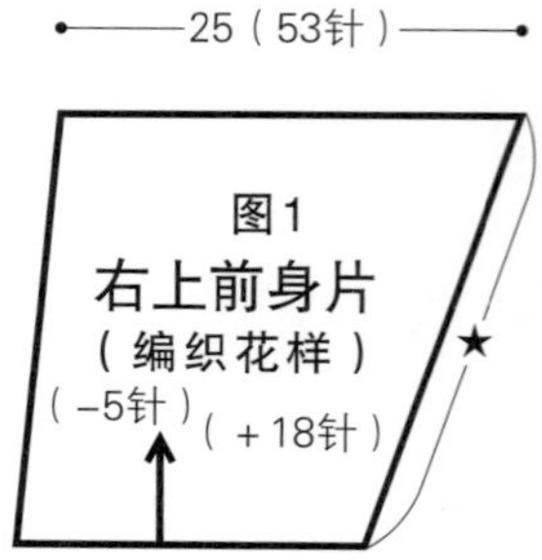

右上前身片

图 1

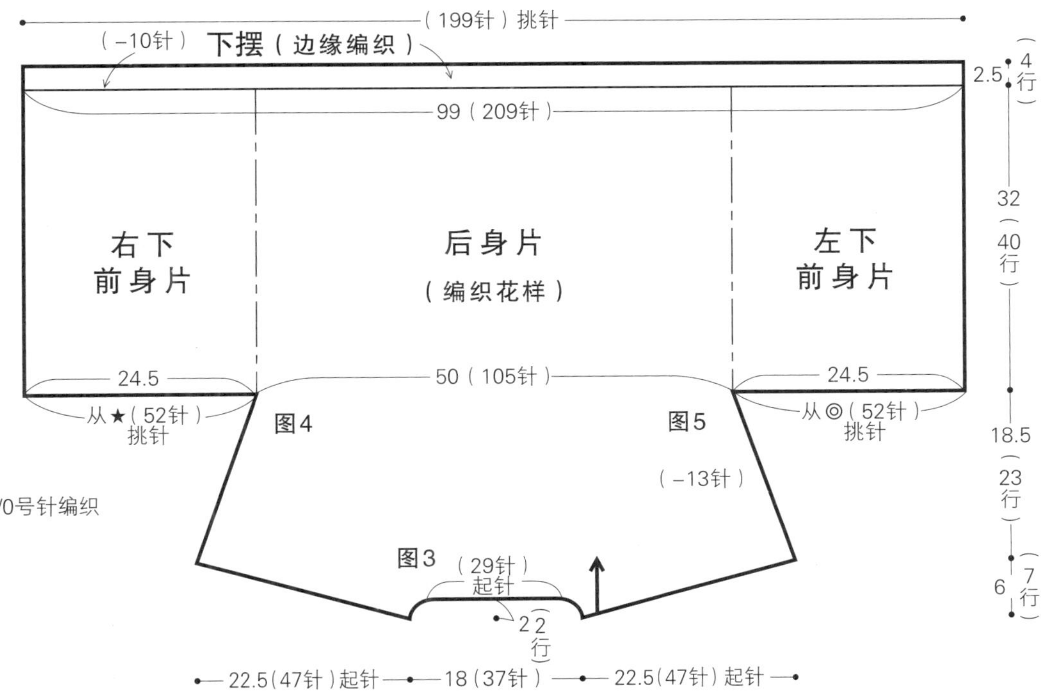

※全部用6/0号针编织

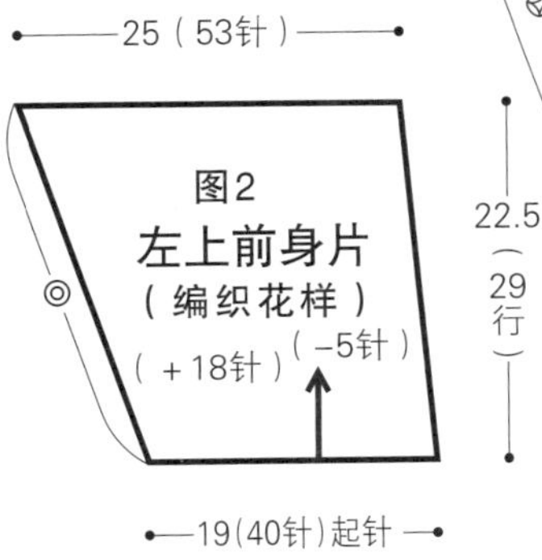

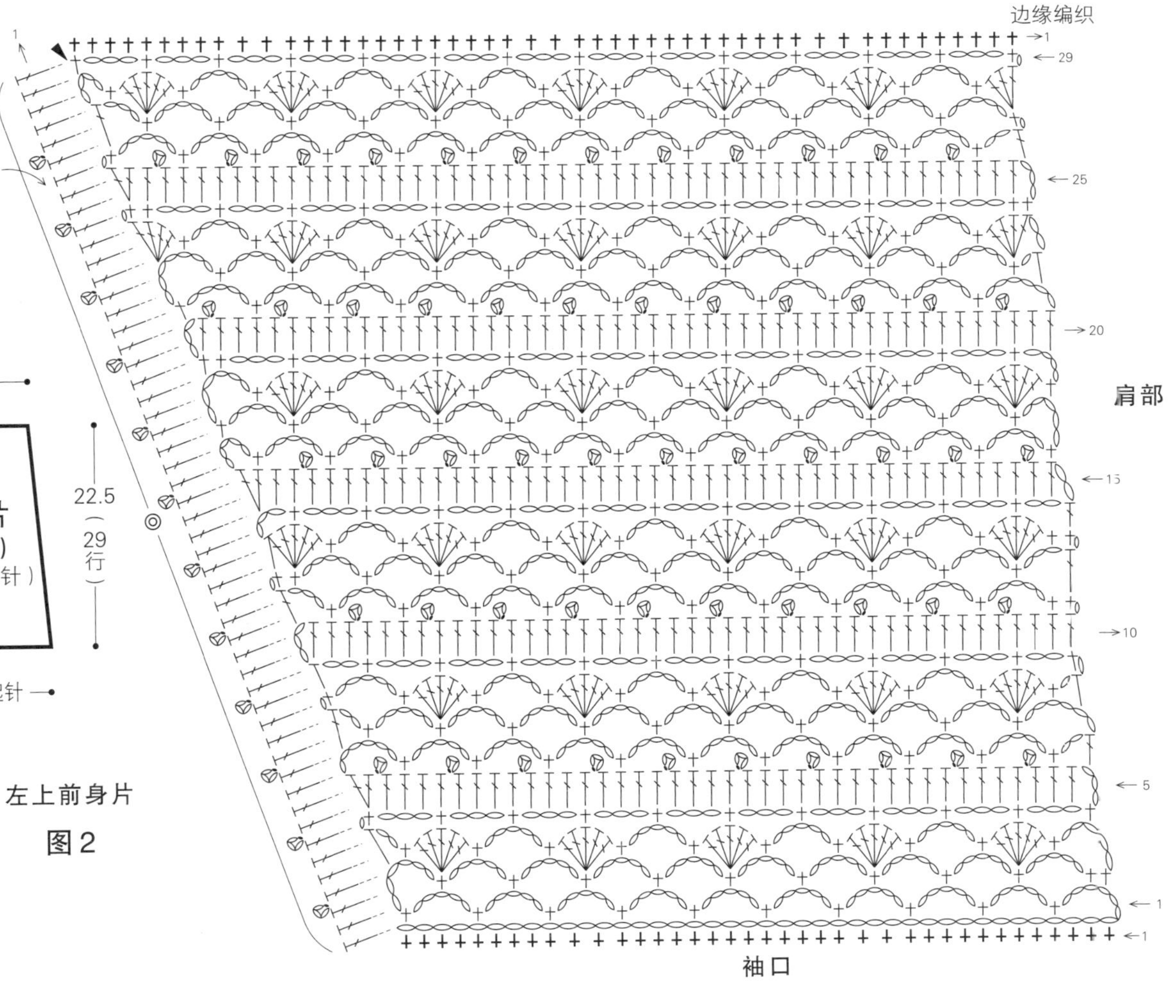

左上前身片

图2

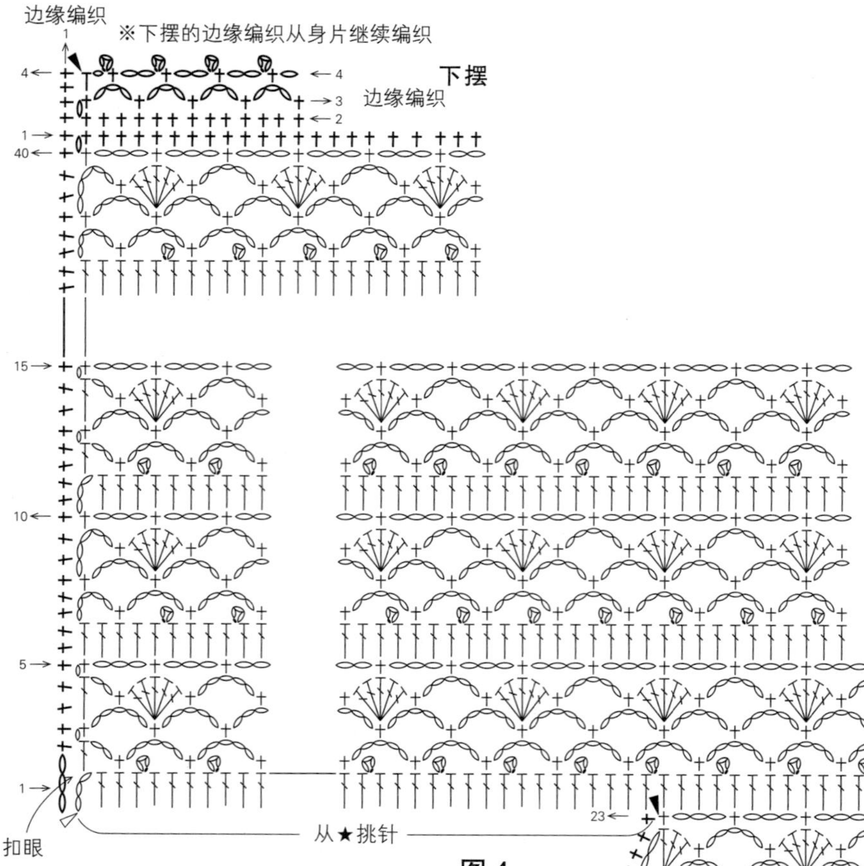

图4

编织花样

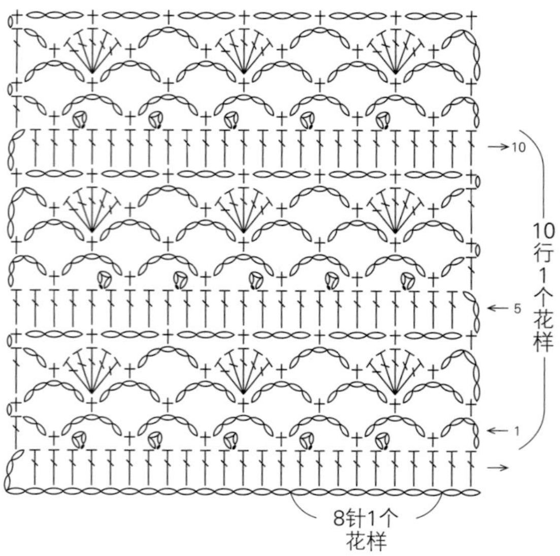

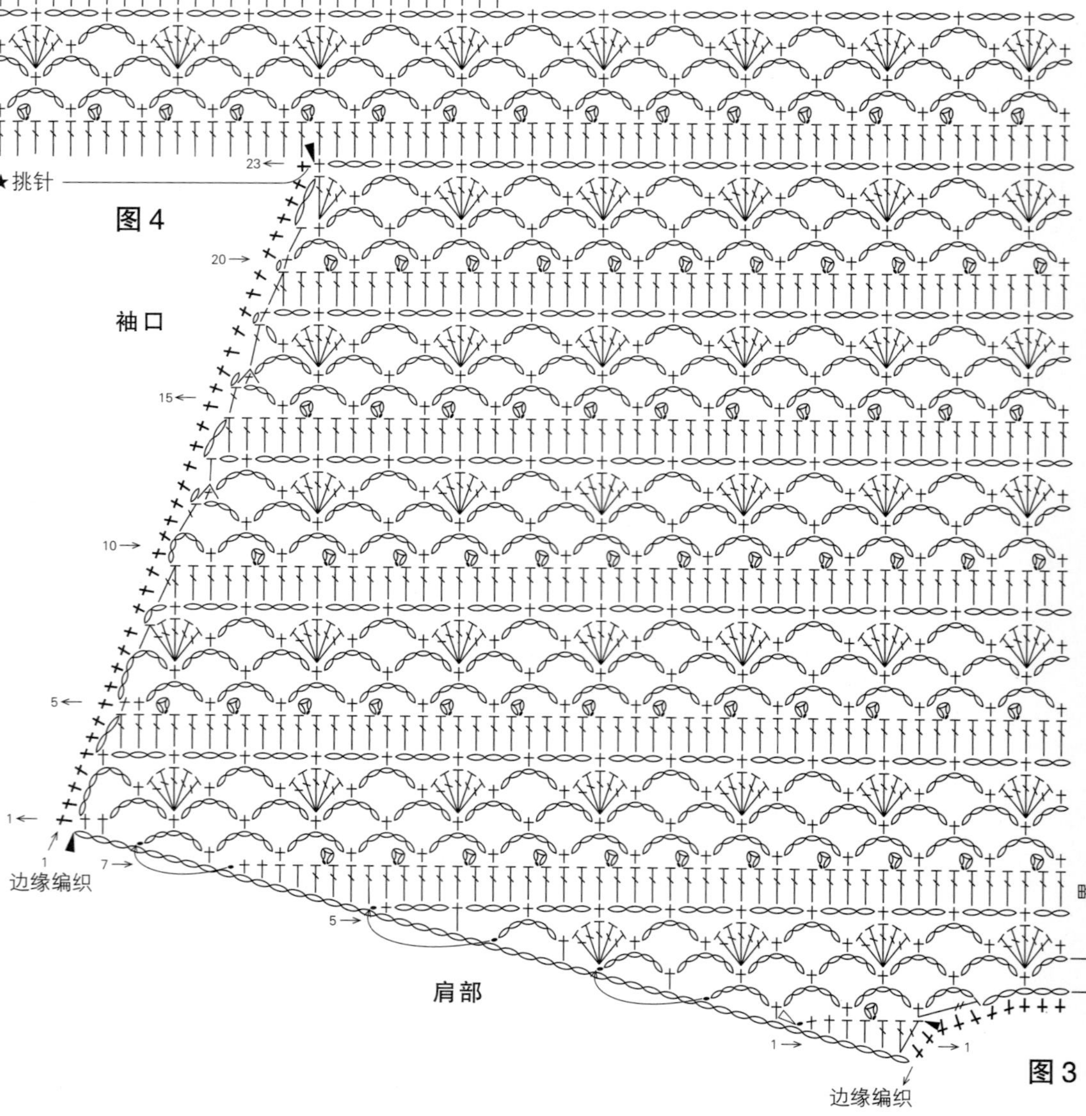

图3

◁ = 加线
◀ = 剪线
⤳ = 渡线

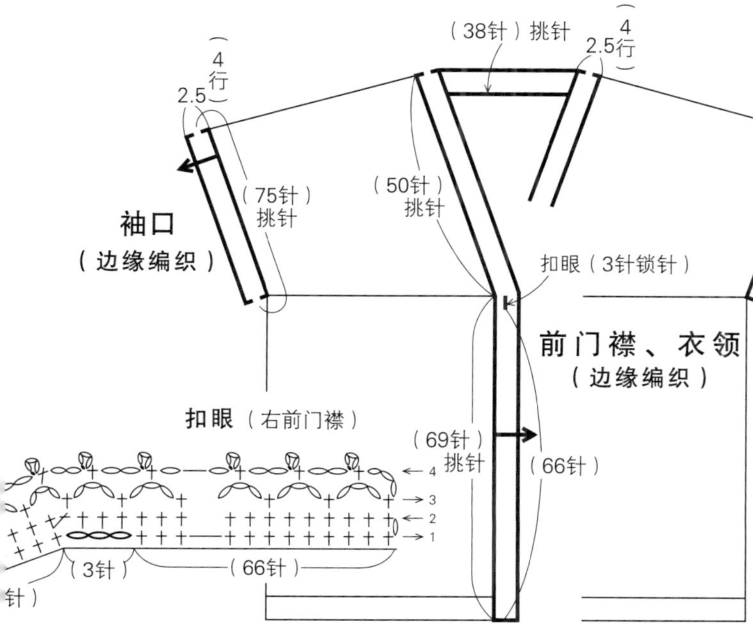
（38针）挑针
2.5
4行
（75针）挑针
（50针）挑针
袖口
（边缘编织）
扣眼（3针锁针）
前门襟、衣领
（边缘编织）
扣眼（右前门襟）
（69针）挑针
（66针）
（3针）
（66针）
针）

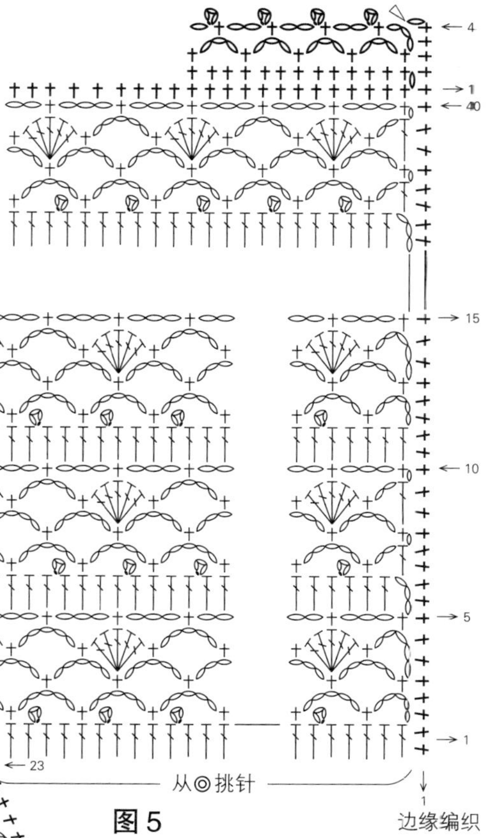
边缘编织

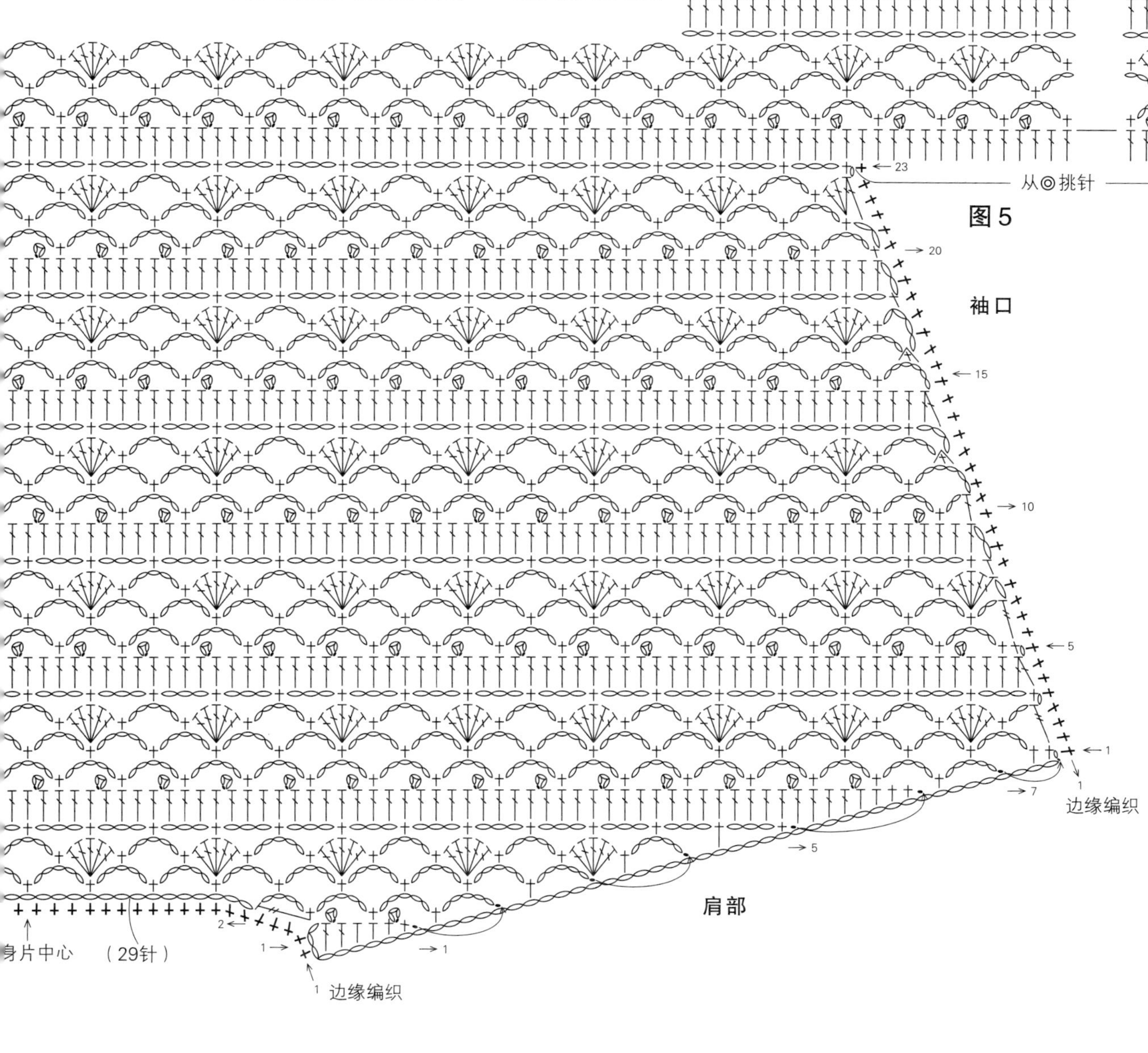
从◎挑针
袖口
边缘编织
肩部
身片中心
（29针）
边缘编织

图5

10

13页

●**材料** SKI TRUENO（粗） 黄色（2712）200g/7团，SKI ELISE（中细） 茶色（105）20g/1团

●**工具** 钩针6/0号、5/0号

●**成品尺寸** 胸围104cm，衣长53.5cm，连肩袖长29.5cm

●**编织密度** 编织花样A、B均为1个花样5.2cm×10cm，编织花样A 5.5行，编织花样B 6.5行

●**编织要点** 从肩部往下摆编织。前后身片均用罗纹绳起针，挑起2根线的锁针，做编织花样A。然后后身片做14行、前身片做12行编织花样B。挑起罗纹绳起针剩余的各1根线，前后肩部做卷针缝缝合。袖口重复做边缘编织B。胁部和袖口的顶端做挑针缝合。下摆部分前身片做边缘编织A，后身片做边缘编织A'。衣领做边缘编织C。

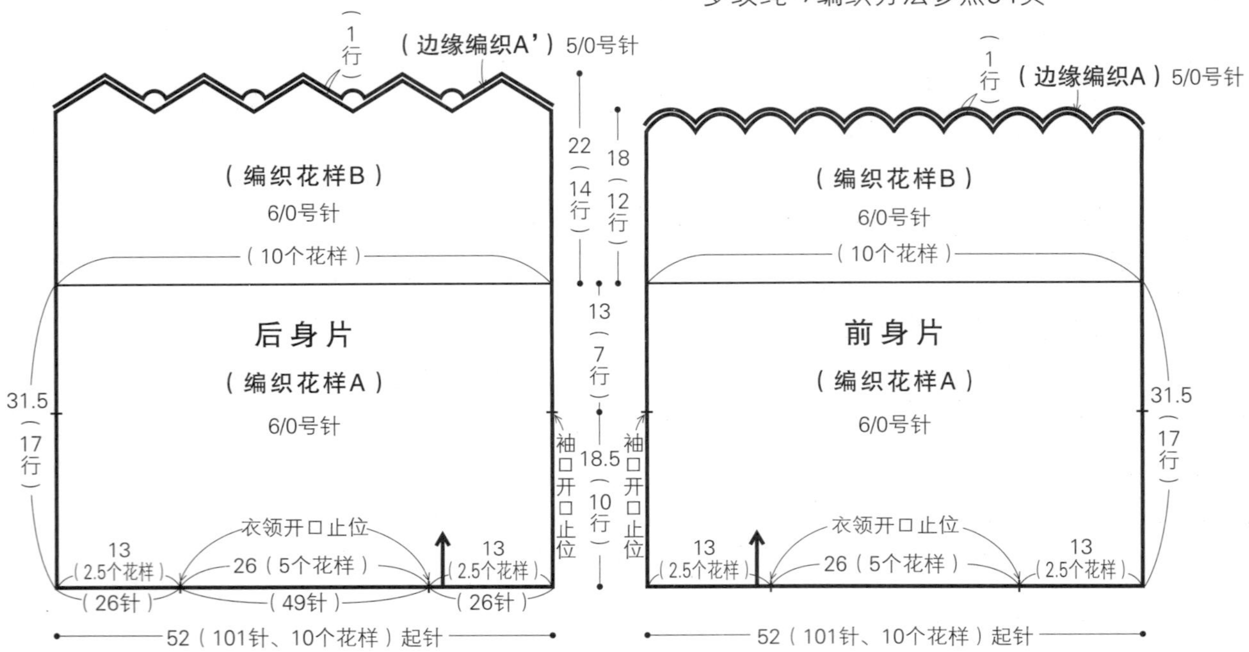

编织花样A、A'的编织方法

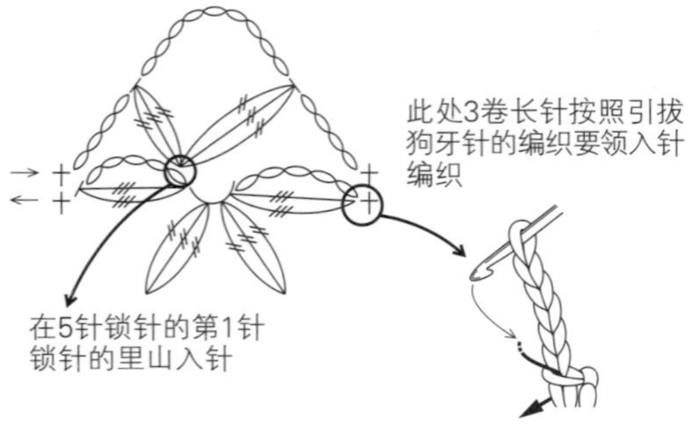

编织花样B的编织方法

ELISE（金银丝线部分）

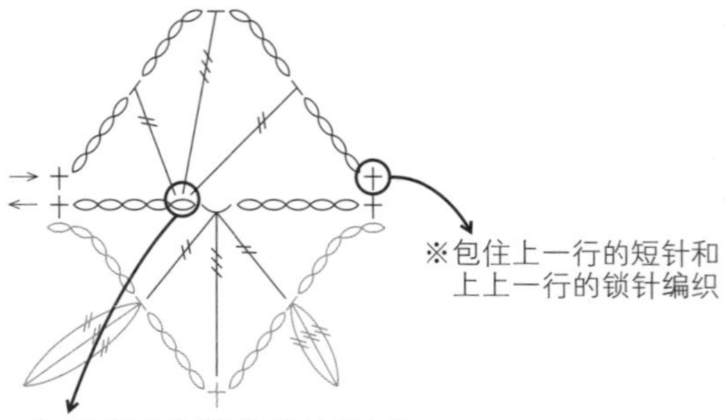

编织花样B

边缘编织A'（后身片下摆）TRUENO

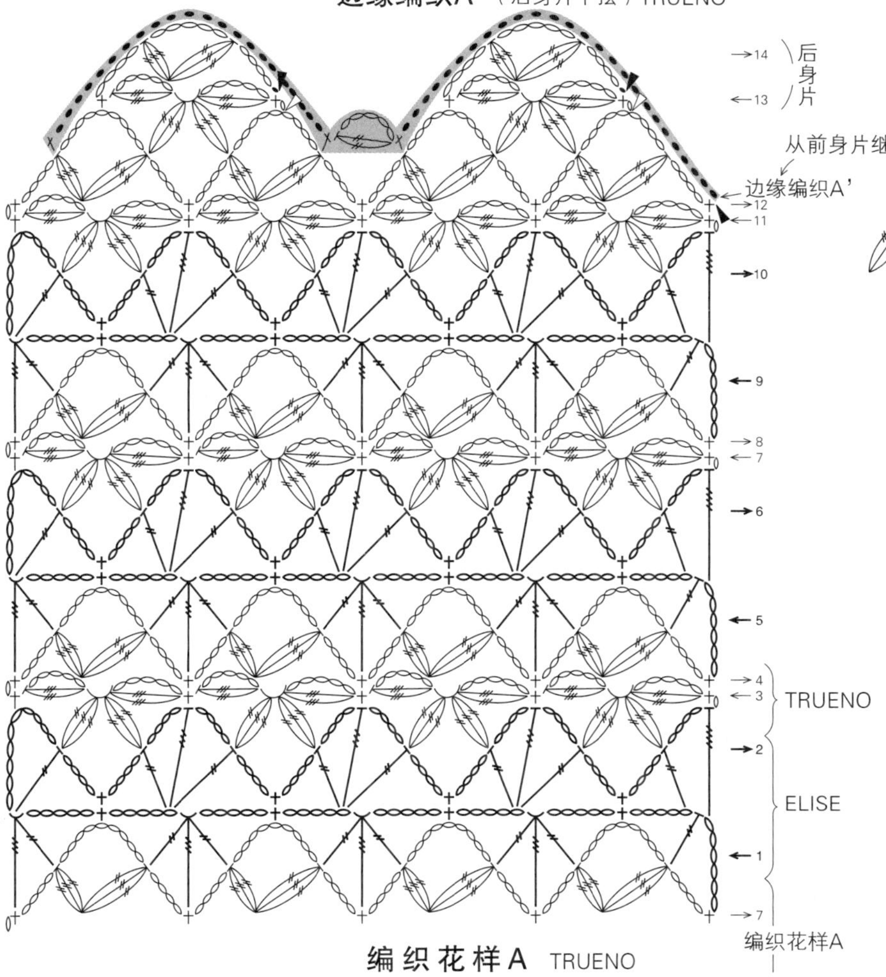

边缘编织A（前身片下摆）TRUENO

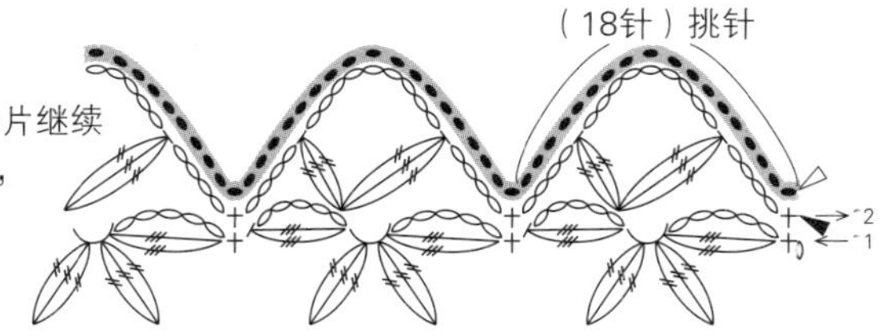

—— = TRUENO
—— = ELISE

◁ = 加线
◀ = 剪线

编织花样A TRUENO

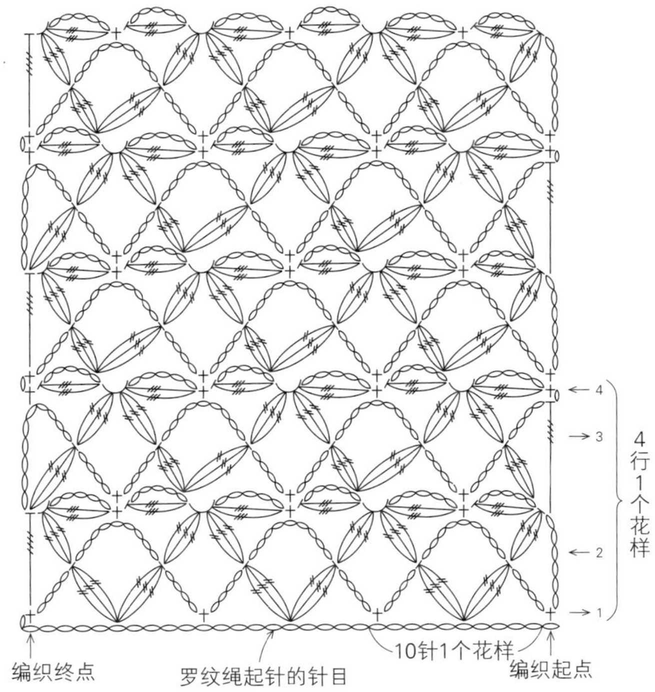

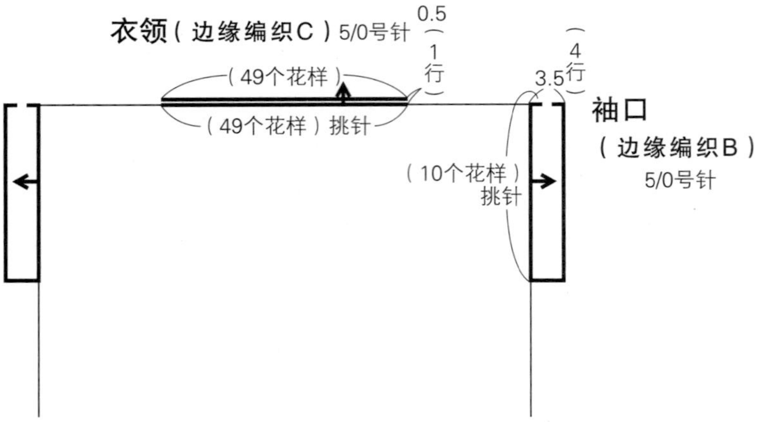

边缘编织C ELISE

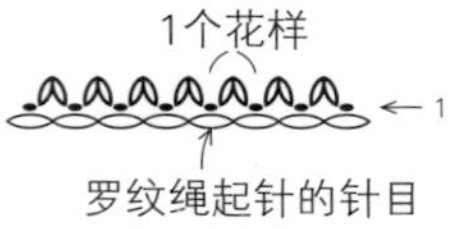

袖口（边缘编织B）

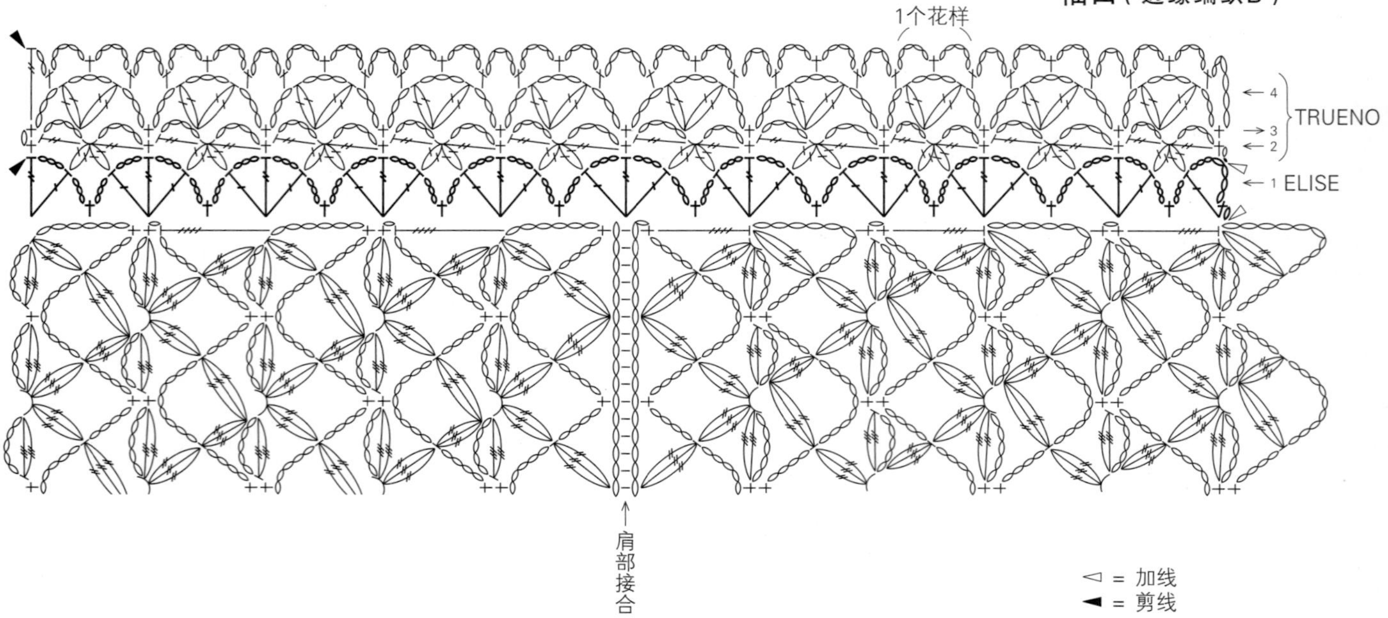

◁ = 加线
◀ = 剪线

●作品 11　接 61 页

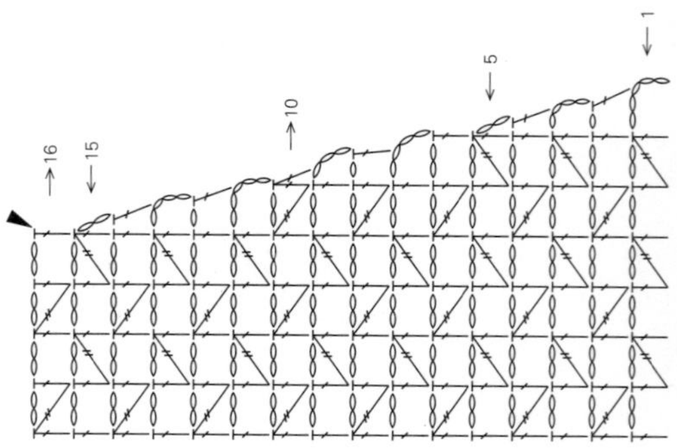

◀ = 剪线

11

14 页

●**材料** SKI 风花（中细） 蓝绿色（2011）255g/9 团

●**工具** 钩针 4/0 号、5/0 号

●**成品尺寸** 胸围 96cm，衣长 53.5cm，连肩袖长 25cm

●**编织密度** 编织花样 A 1 个花样为 2cm×10cm，12.3 行

●**编织要点** 前后身片均从右胁部做横向编织。用 4/0 号针钩锁针起针，在编织花样 A 上做编织花样 B、C。编织花样 B、C 的 4 卷长针的正拉针因为会有交叉，所以要编织足够的长度。第 22 行的编织花样 C 的前一行和第 36 行的编织花样 B 的下一行注意编织成方格花样。斜肩和领窝参照图示编织。肩部钩引拔针和锁针接合。到袖口开口止位的胁部做卷针接合。用 5/0 号针在下摆做边缘编织 A，衣领、袖口分别环形做边缘编织 B。

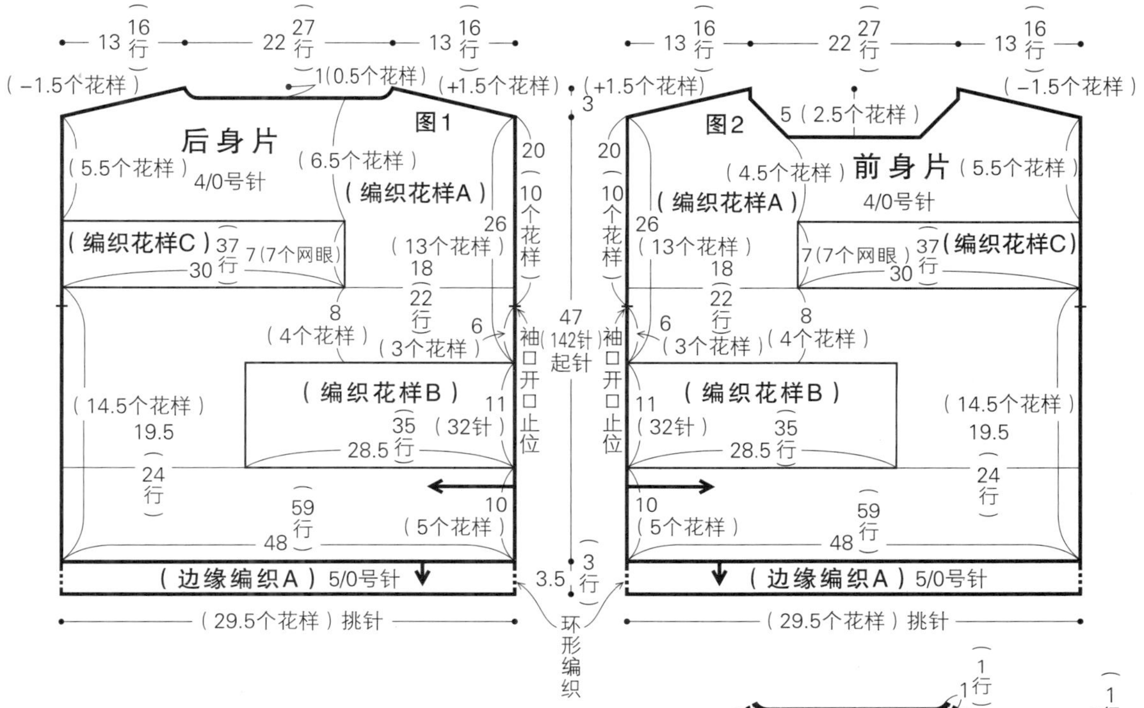

边缘编织 A（下摆）

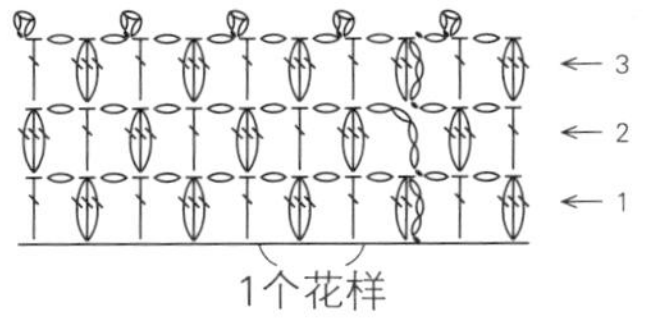

边缘编织 B（衣领、袖口）

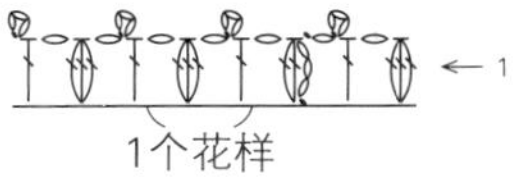

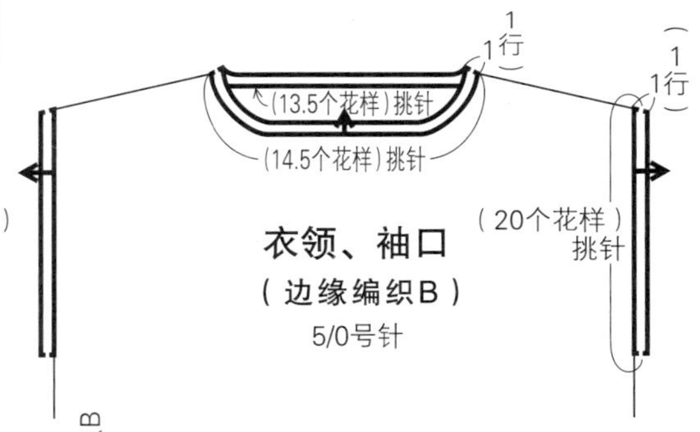

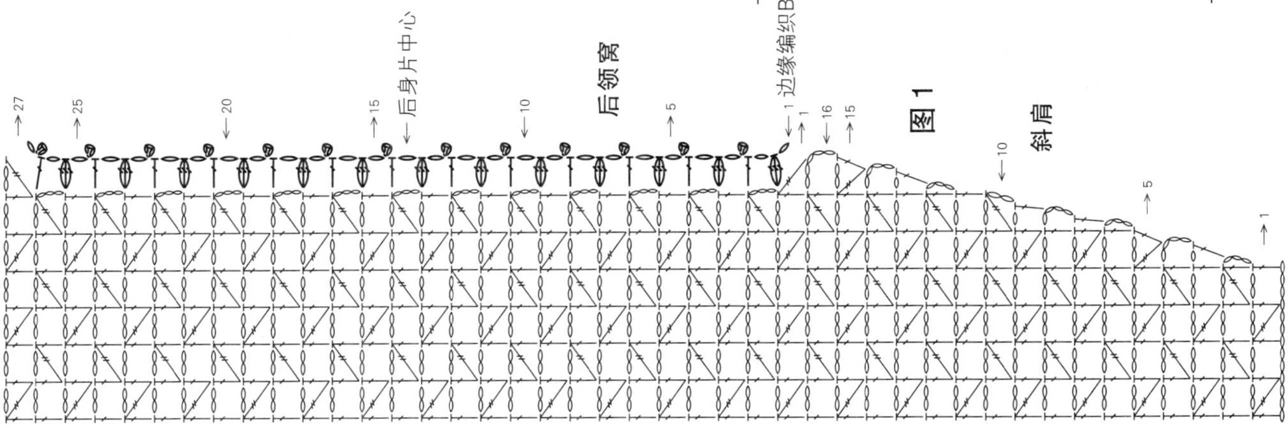

编织花样C

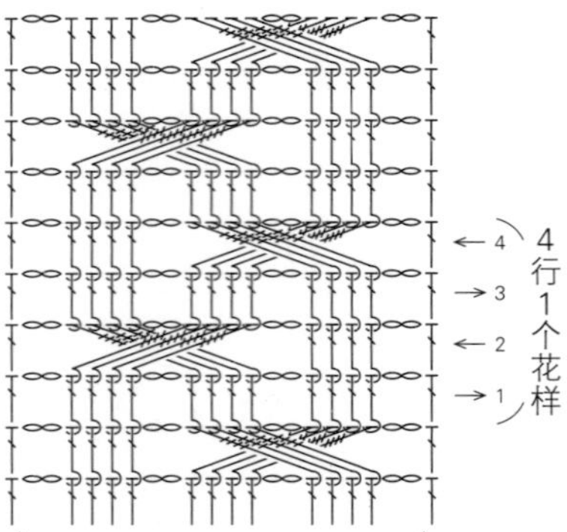

7个网眼（20针）
1个花样

4卷长针的正拉针4针交叉（左上）

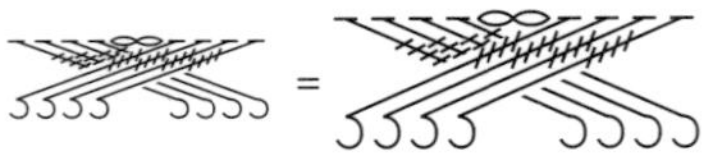

4卷长针的正拉针4针交叉（右上）

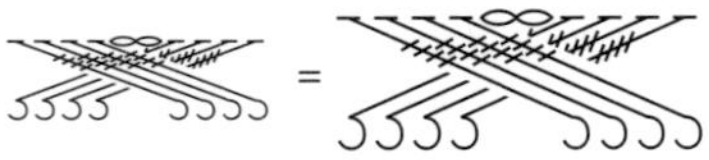

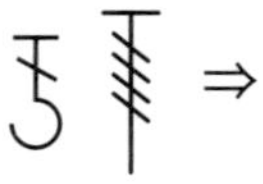

编织方法
参照94、95页

编织花样B

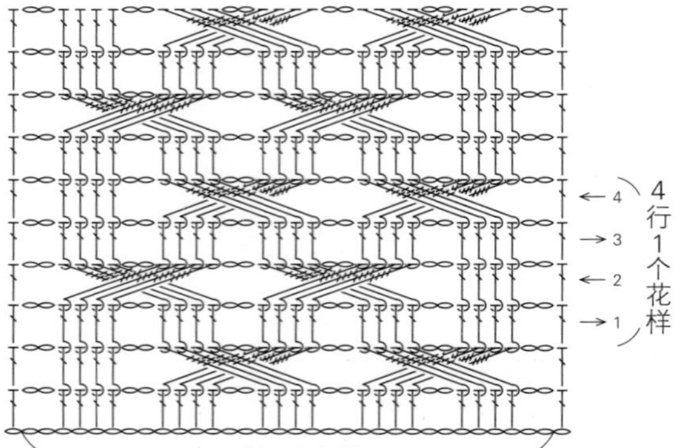

32针1个花样

编织花样A

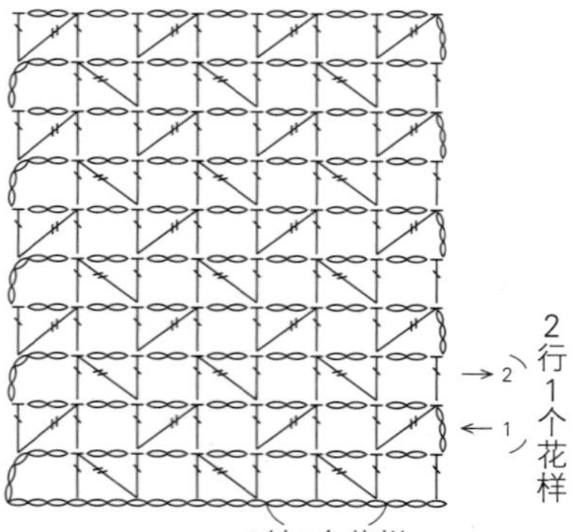

6针1个花样

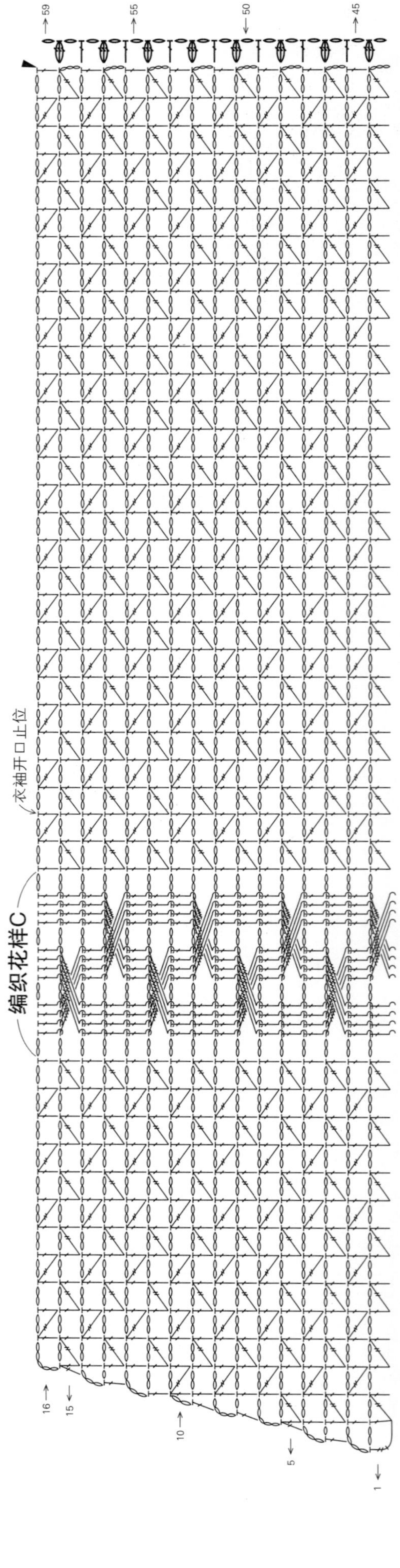

◁ = 加线
▼ = 剪线
↷ = 渡线

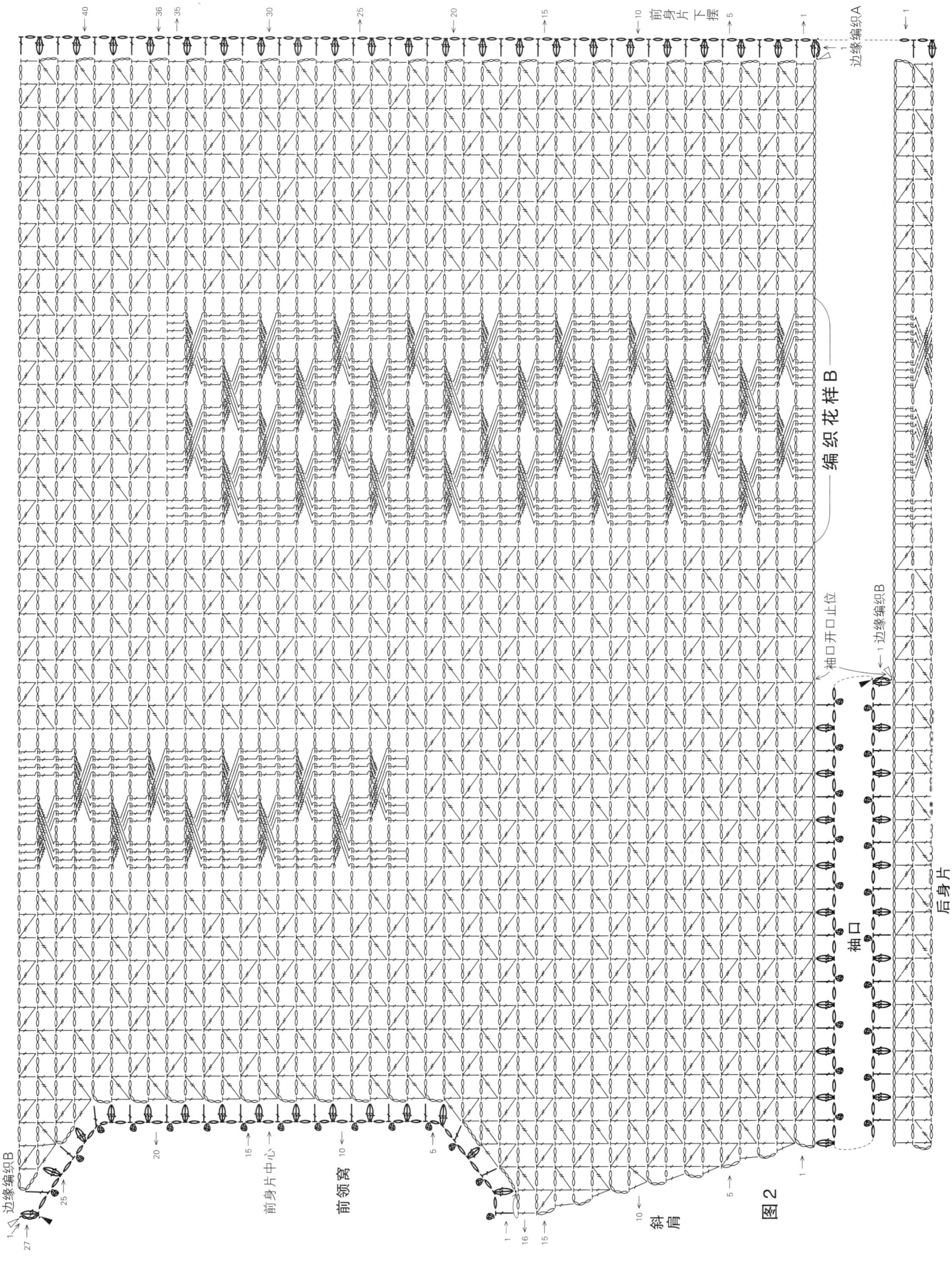

图2

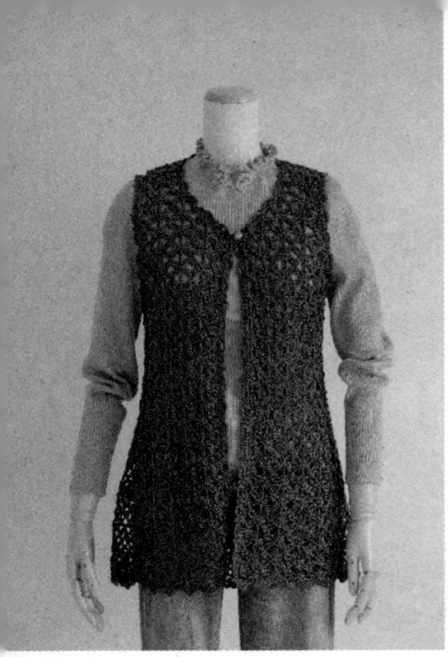

12

15 页

●**材料** SKI LUNO（粗） 茶色（7208）290g/10 团，直径 1.5cm 的纽扣 1 颗

●**工具** 钩针 7/0 号、6/0 号

●**成品尺寸** 胸围 97.5cm，肩宽 35cm，衣长 64cm

●**编织密度** 编织花样 1 个花样为 4cm×10cm 7 行

●**编织要点** 前后身片用罗纹绳起针，挑起锁针的 2 根线做编织花样。编织花样第 1 行是 9 针锁针的环，第 2 行是整束挑起第 1 行 2 根锁针链钩织。袖窿参照图 1、领窝参照图 2 编织。胁部用罗纹绳起针做 2 行编织花样，通过网眼编织编成三角形花样。肩部钩引拔针和锁针接合。胁部和身片反面朝外对齐，用引拔针和锁针接合。胁部剩余部分也按照上述方法缝合。前门襟、衣领做边缘编织 A，右前门襟衣领处编织扣眼。接着从前后身片和胁部的罗纹绳起针处挑针做下摆的边缘编织 B。袖窿做缘编织 A。

罗纹绳⇒编织方法参照94页

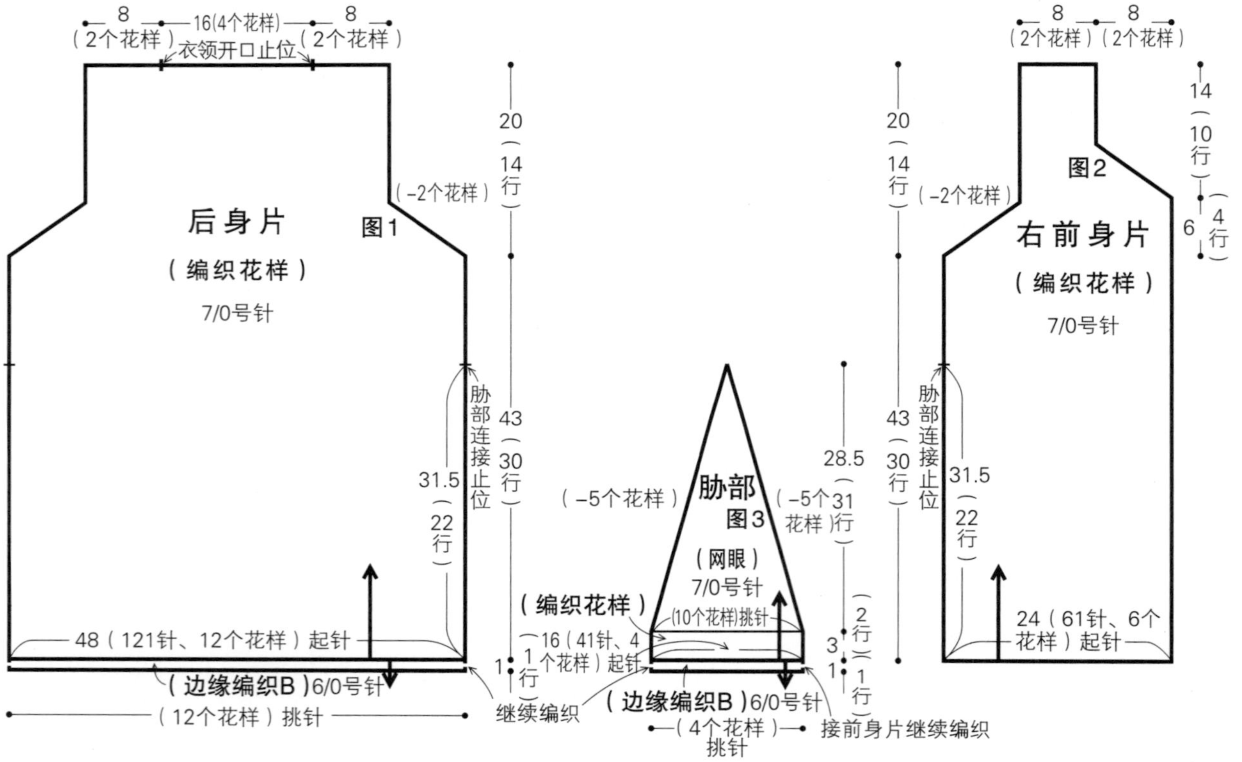

※左前身片和右前身片
对称编织

边缘编织B

边缘编织A

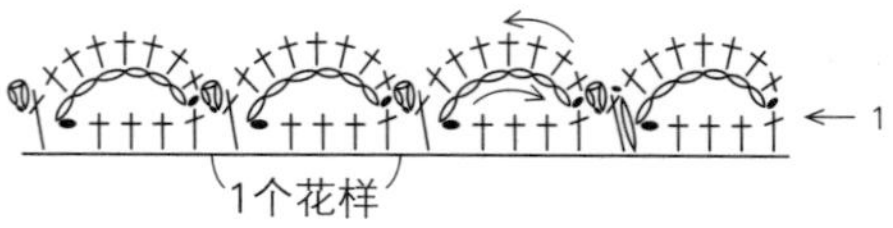

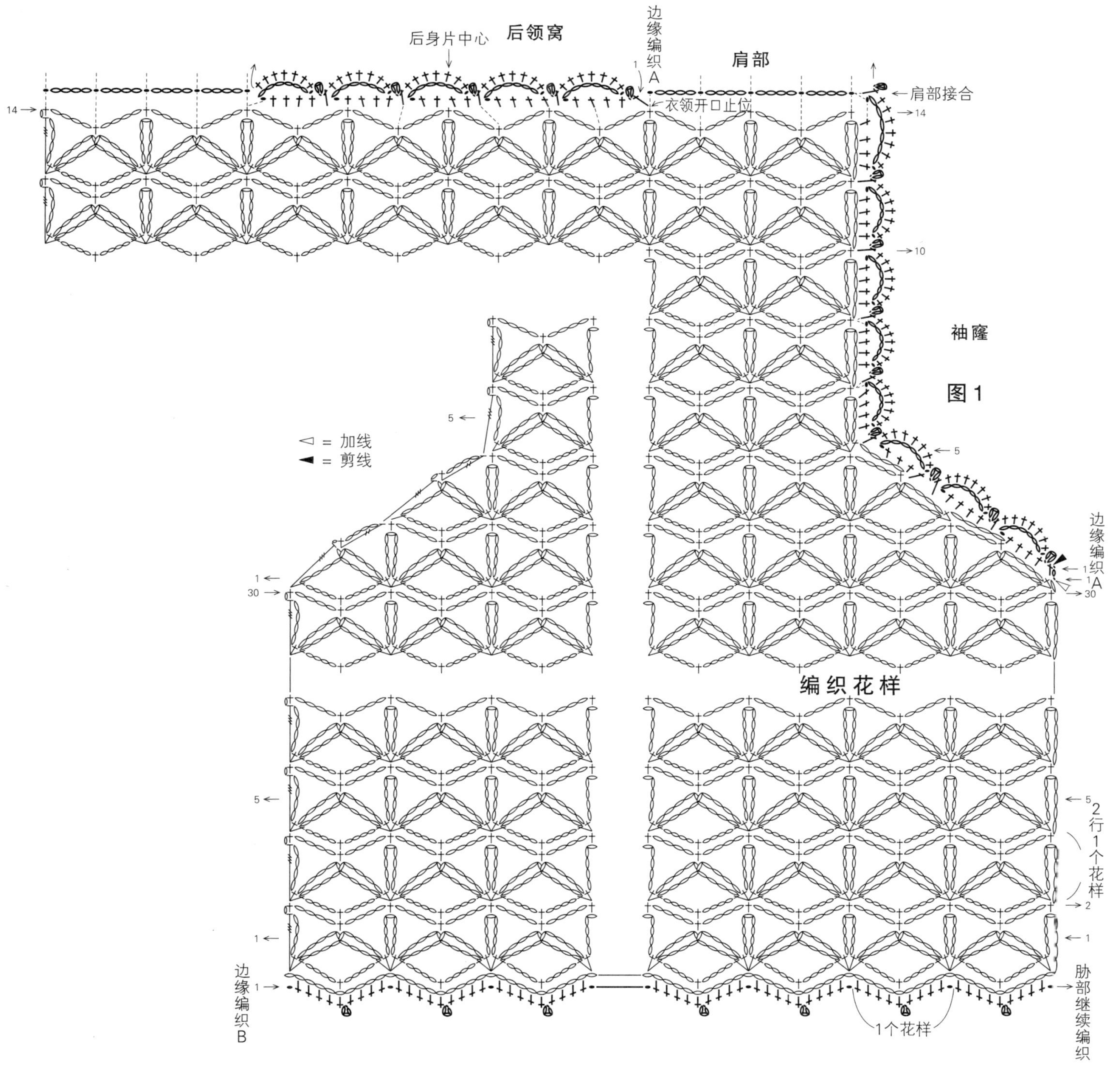

后领窝
后身片中心
边缘编织A
肩部
肩部接合
衣领开口止位
14
10
袖窿
图1
5
⊲ = 加线
◀ = 剪线
1
30
编织花样
2行1个花样
2
1
边缘编织B
1个花样
胁部继续编织

前门襟、衣领、袖窿（边缘编织A）6/0号针

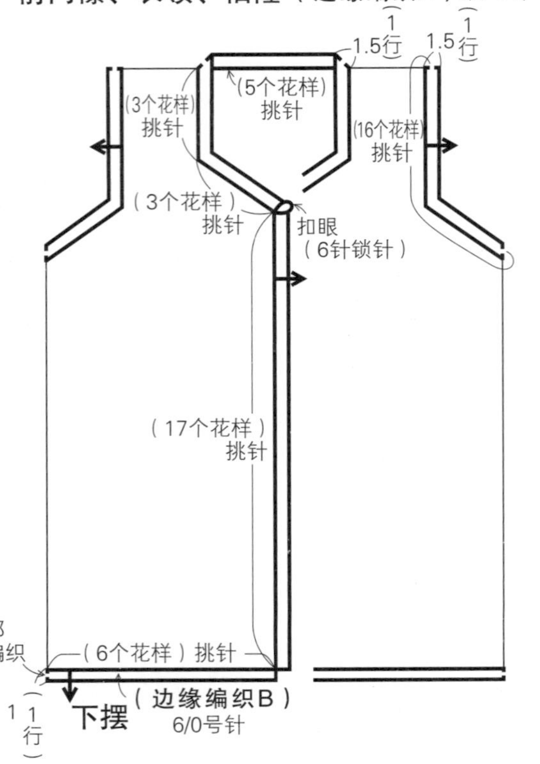

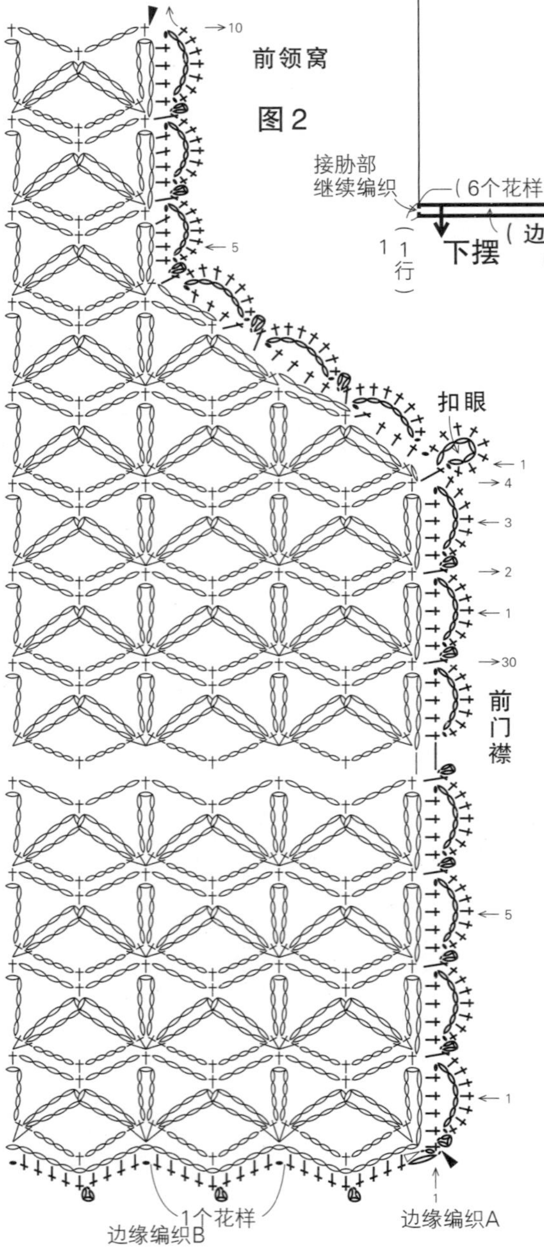

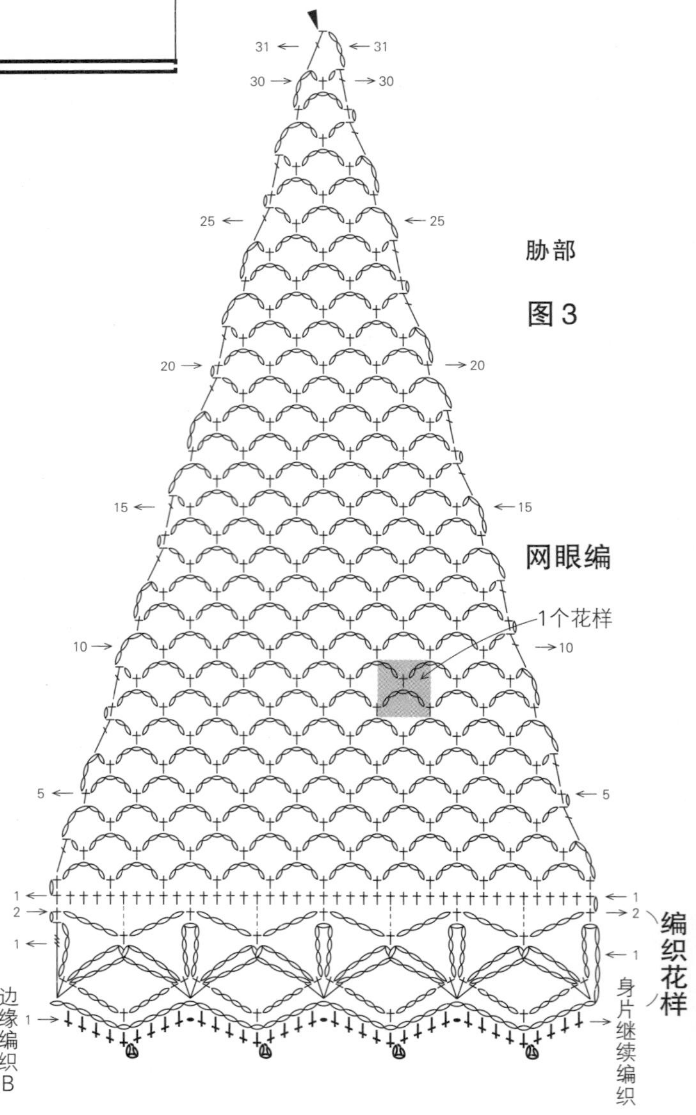

13

16 页

●**材料** SKI TWEED TWEED（中粗） 原白色（6201）120g/3 团、浅茶色（6213）30g/1 团

●**工具** 钩针 8/0 号

●**成品尺寸** 头围 58cm，帽深 11cm

●**编织密度** 10cm×10cm 面积内：短针 13.5 针，14 行

●**编织要点** 全部用 2 根线编织。在帽顶锁针起针，参照图示一边加针一边编织短针。帽身第 1 行编织条纹针，然后编织短针并分散加针，接着配色无加减针编织花样。再次用回原来的线，编织短针并分散加针，编织帽檐。

帽子

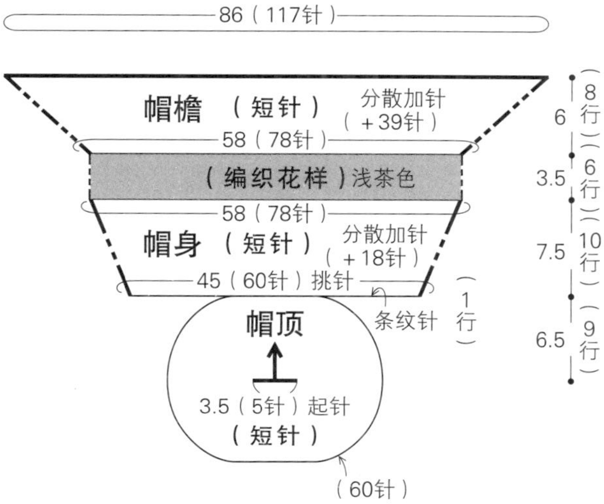

※全部用2根线编织

※全部用8/0号针编织

※除指定以外均用原白色线编织

短针的条纹针

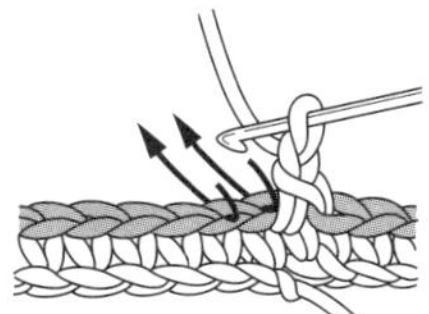

如图所示，把钩针插入上一行针目后面的半针里编织短针。剩余未挑起的半针宛如一条线。

加针

	行	针数	
帽檐	8	117	
	7	⟆	
	6		
	5	117	（+13针）
	4	104	
	3	⟆	
	2	104	（+13针）
	1	91	（+13针）
帽身	6 ⟆ 1	78	
	10 ⟆ 9		
	8	78	（+6针）
	7	72	
	6	⟆	
	5	72	（+6针）
	4	66	
	3	⟆	
	2	66	（+6针）
	1	60	
帽顶	9	60	（+6针）
	8	54	
	7	48	
	6	42	
	5	36	
	4	30	
	3	24	
	2	18	
	1行	12针	

帽子的编织方法

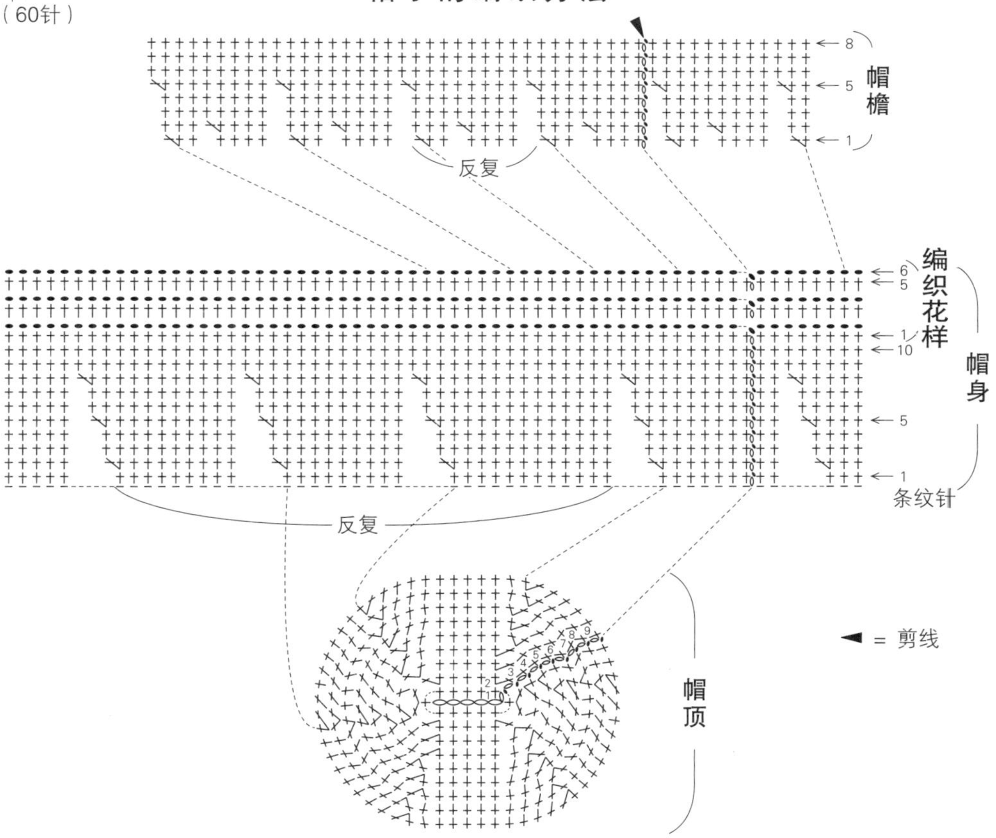

15

18 页

●**材料** SKI TRUENO（粗） 玫瑰色（2713）135g/5 团

●**工具** 棒针 6 号、5 号

●**成品尺寸** 下摆长约 145cm，宽 30cm

●**编织密度** 10cm × 10cm 面积内：编织花样 22.5 针，30 行

●**编织要点** 这款宛如斗篷形状的披肩，从下摆开始分散减针，朝向衣领编织。下摆手指起针，注意起针不要太紧，两端编织起伏针，编织花样如图分散减针。最后编织起伏针，背面做伏针收针。

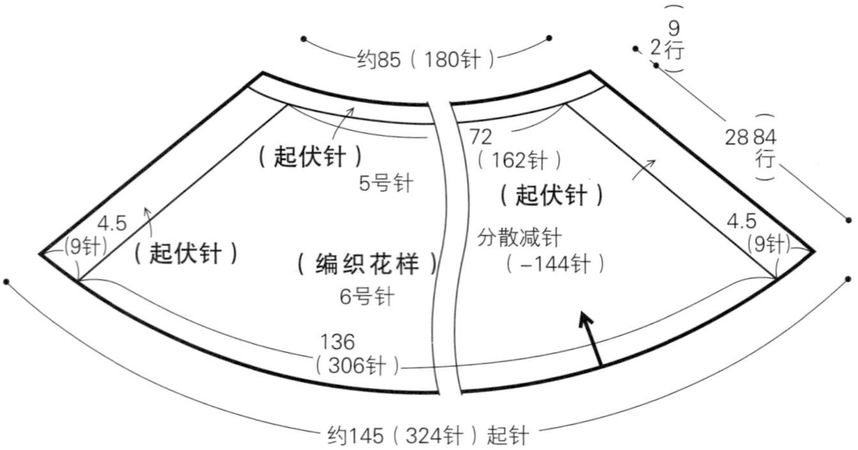

起伏针

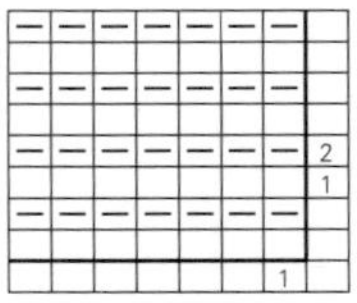

□ = □ 下针

右上2针并1针

①

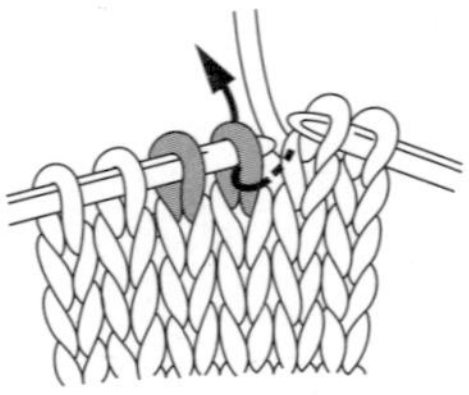

按照箭头所示插入棒针，不编织，直接移到右棒针上。

②

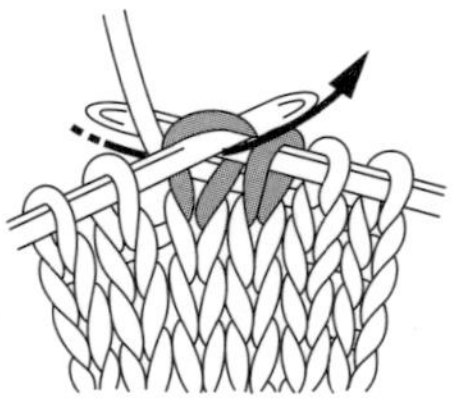

把棒针插入下一针进行编织。

③

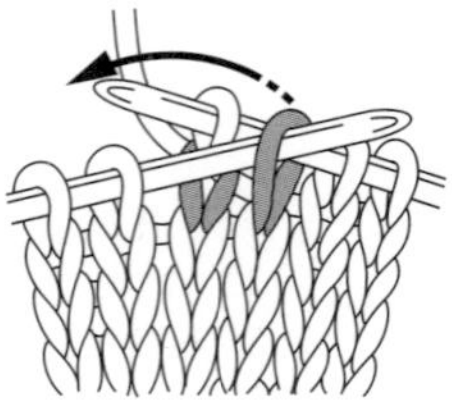

把刚才移动的一针盖着编织的一针。

④

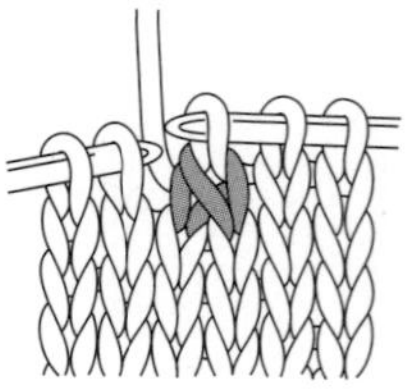

右上2针并1针完成。

左上2针并1针

①

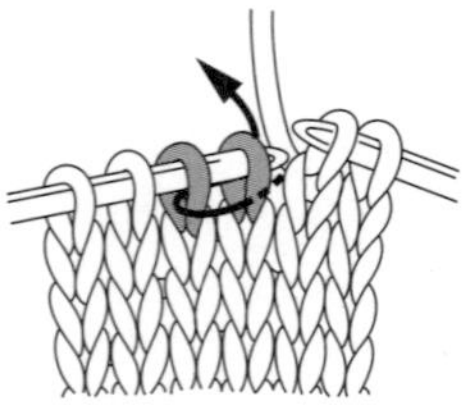

按照箭头所示把棒针插入2个针目里。

②

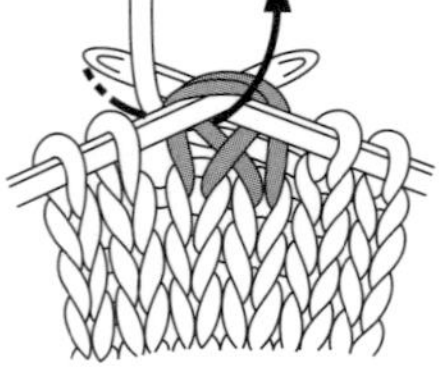

2针一起编织。

③

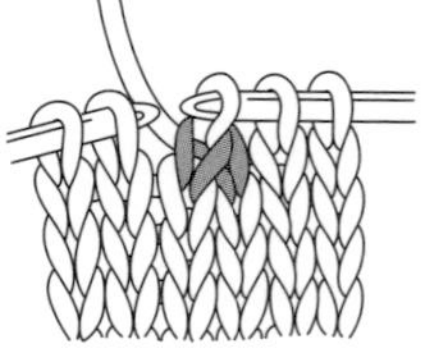

左上2针并1针完成。

编织花样和分散减针

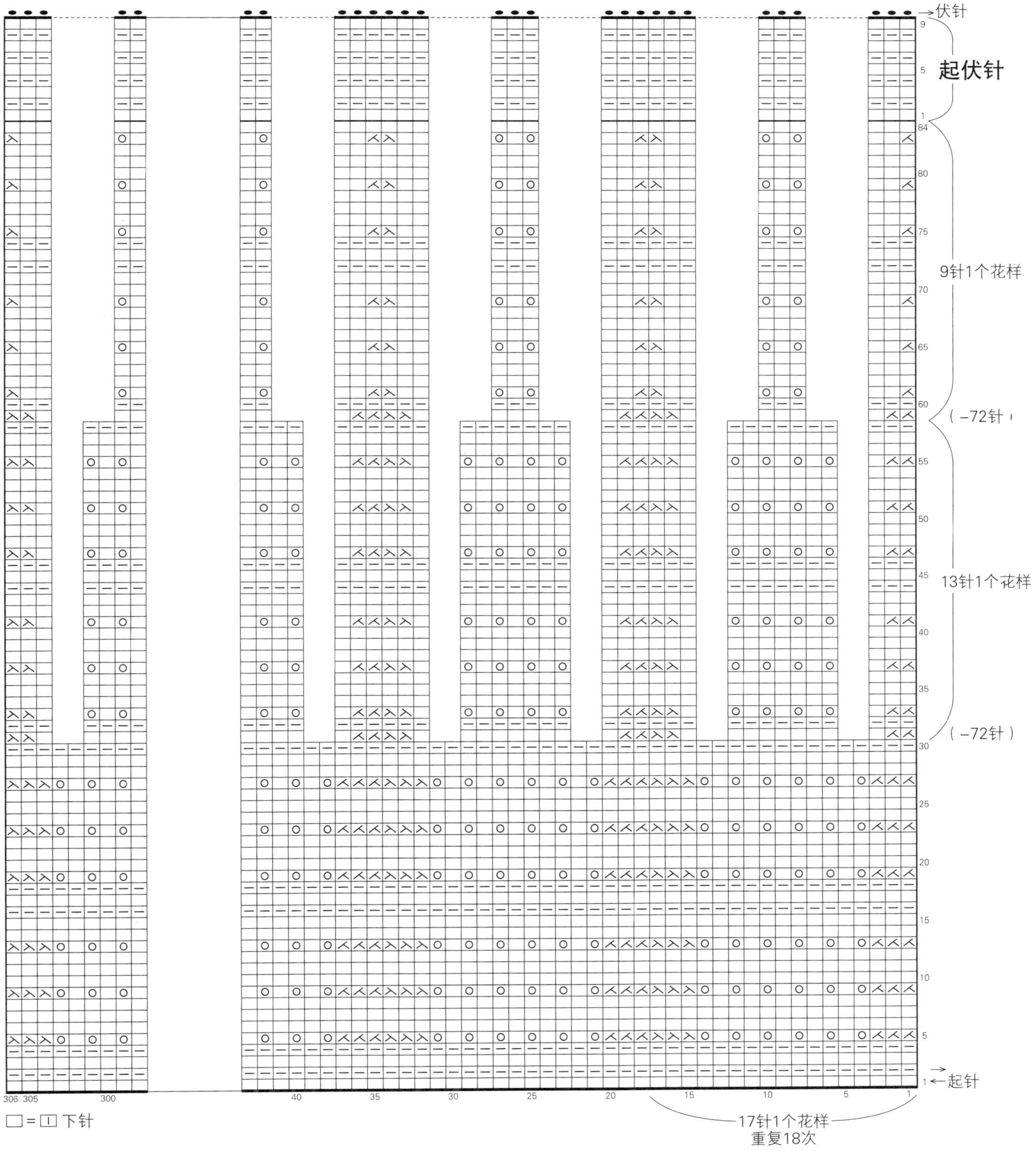

17

20页

●材料　SKI SCORE（中细）a：炭灰色（18）35g、奶油色（2）30g/ 各 1 团，b：驼色（20）35g、紫色（12）30g/ 各 1 团
●工具　钩针 4/0 号
●成品尺寸　袜底长约 23cm
●编织密度　10cm×10cm 面积内：编织花样 32 针，25 行

●编织要点　用 A 色线锁针起针，注意起针针目不要太紧，每编织 4 行改变线的颜色，按条纹花样无须加减针钩织。最后的第 33 行编织短针、中长针、长针。如图所示在 4 处做标记，袜头以外的标记处对齐接合到一起。把袜头反面朝外，把周围紧紧缝到一起，并缝成圆形。左右两只袜子形状相同。

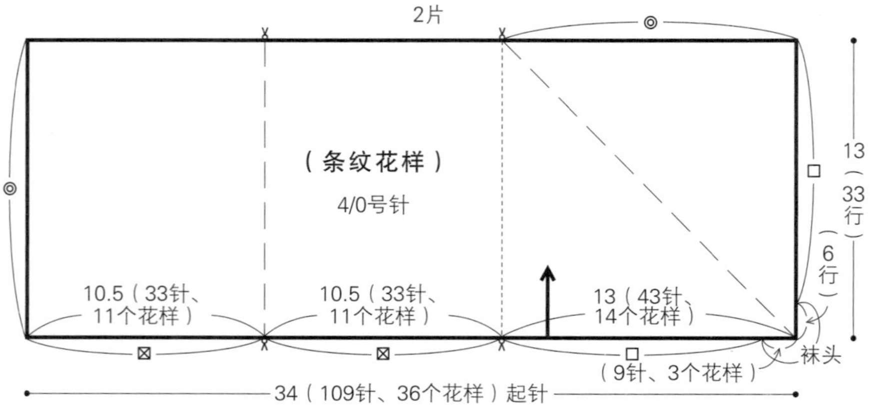

ǂ = 线的标记处
※ 标记处对齐接合到一起

袜头

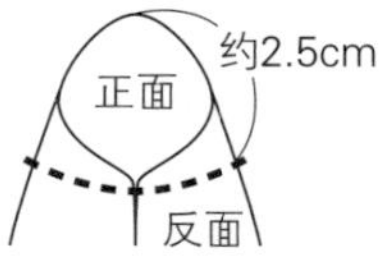

反面朝外，用A色线把周围紧紧缝到一起

组合方法

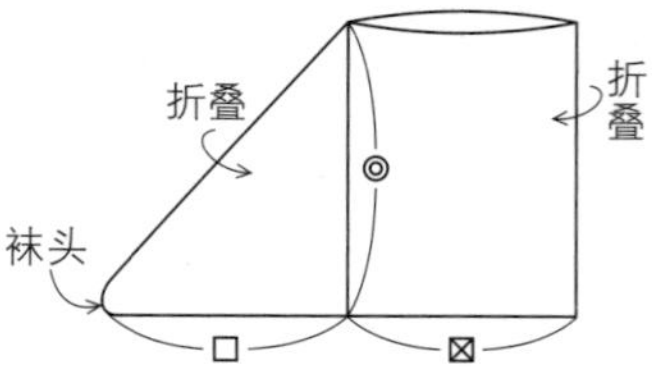

※ 所有均用A色线接合
※ ◎、□… 接合针目时挑起后面的1根线
接合行时分开边端针目
⊠… 起针的半针做卷针缝缝合

条纹花样

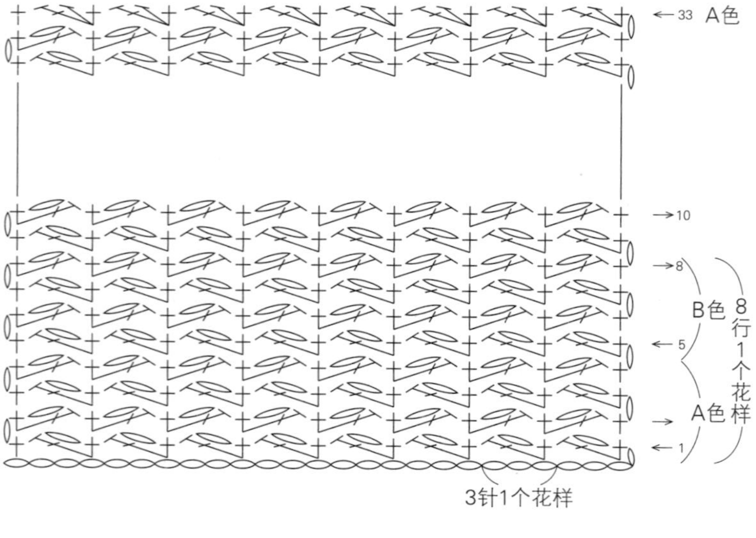

配色

	A色	B色
a	炭灰色	奶油色
b	驼色	紫色

18

20页、21页

●**材料** SKI SCORE（中细）a：米色（16）、蓝色（27），b：灰色（17）、橙色（25），c：驼色（20）、粉红色（8）各35g/各1团

●**工具** 棒针6号

●**成品尺寸** 袜底长约23cm

●**编织密度** 10cm×10cm面积内：编织花样A、B均为18.5针，32行

●**编织要点** 全部用指定颜色的2根线编织。手指起针，做编织花样A和B。编织结束时松松地做伏针收针。留出40cm线头后裁剪掉。如图所示在4处做标记，袜头以外的标记处对齐分别缝合。把袜头反面朝外，把周围紧紧缝到一起，并缝成圆形。左右两只袜子形状相同。

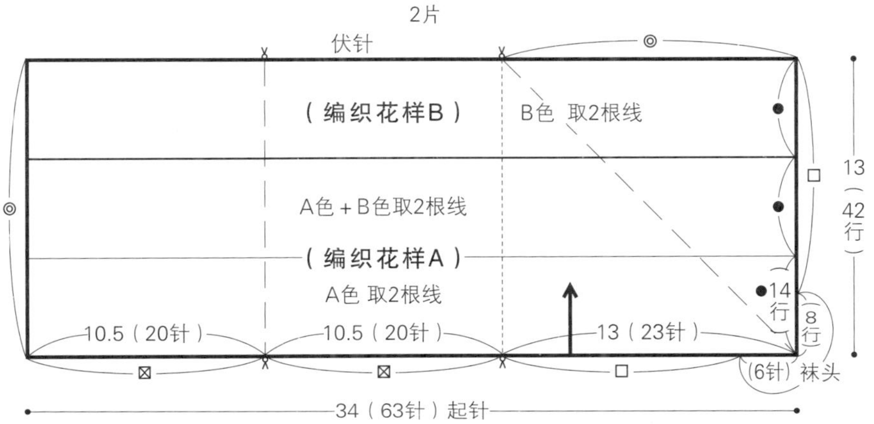

ᵡ＝线的标记处

※ 对齐相同标记分别缝合

※ 全部用指定颜色的2根线6号针编织

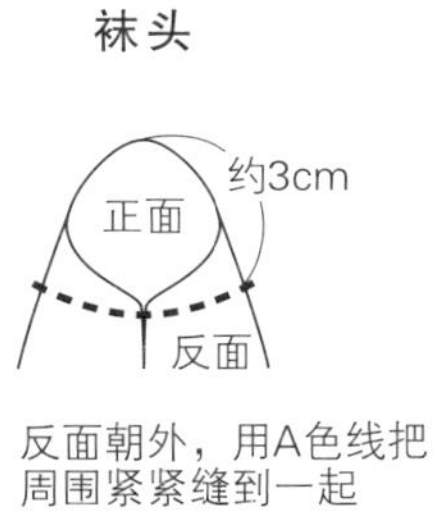

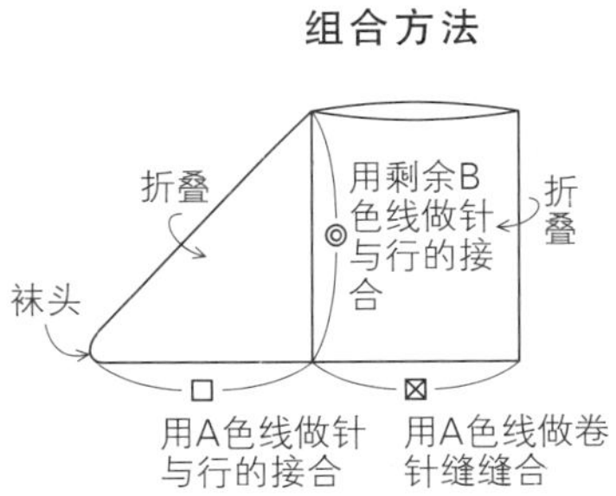

※ 用2根线接合

编织花样A

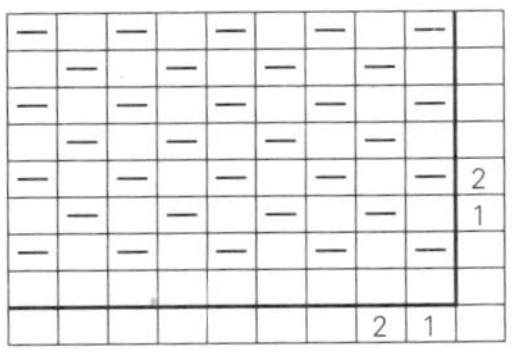

□＝□ 下针

编织花样B

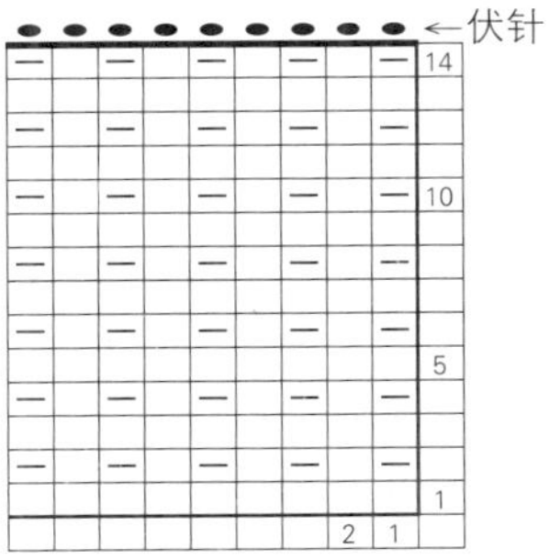

□＝□ 下针

配色

	A色	B色
a	米色	蓝色
b	灰色	橙色
c	驼色	粉红色

14

17 页

●材料 SKI WORLD SECTION FARNO（中粗） 米色系（1112）50g/2 团

●工具 棒针 9 号

●成品尺寸 颈围长 53cm，宽 17cm

●编织密度 10cm×10cm 面积内：编织花样 24 针，23.5 行

●编织要点 手指起针，环形做编织花样。花样的右上、左上 4 针交叉与前后针目没有关系，全部编织下针。40 行编织完成之后，做下针织下针、上针织上针的伏针收针。

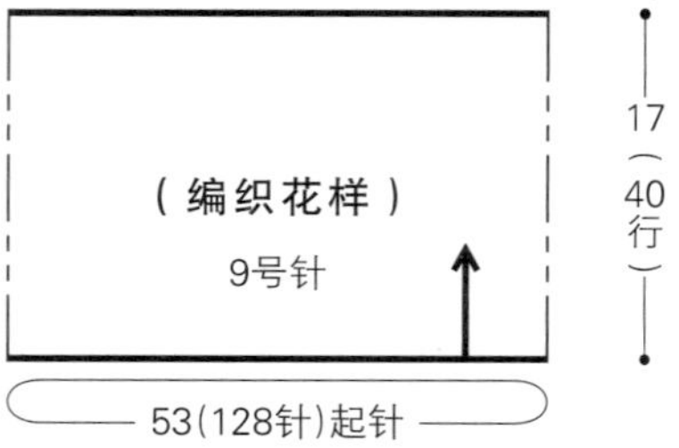

编织花样

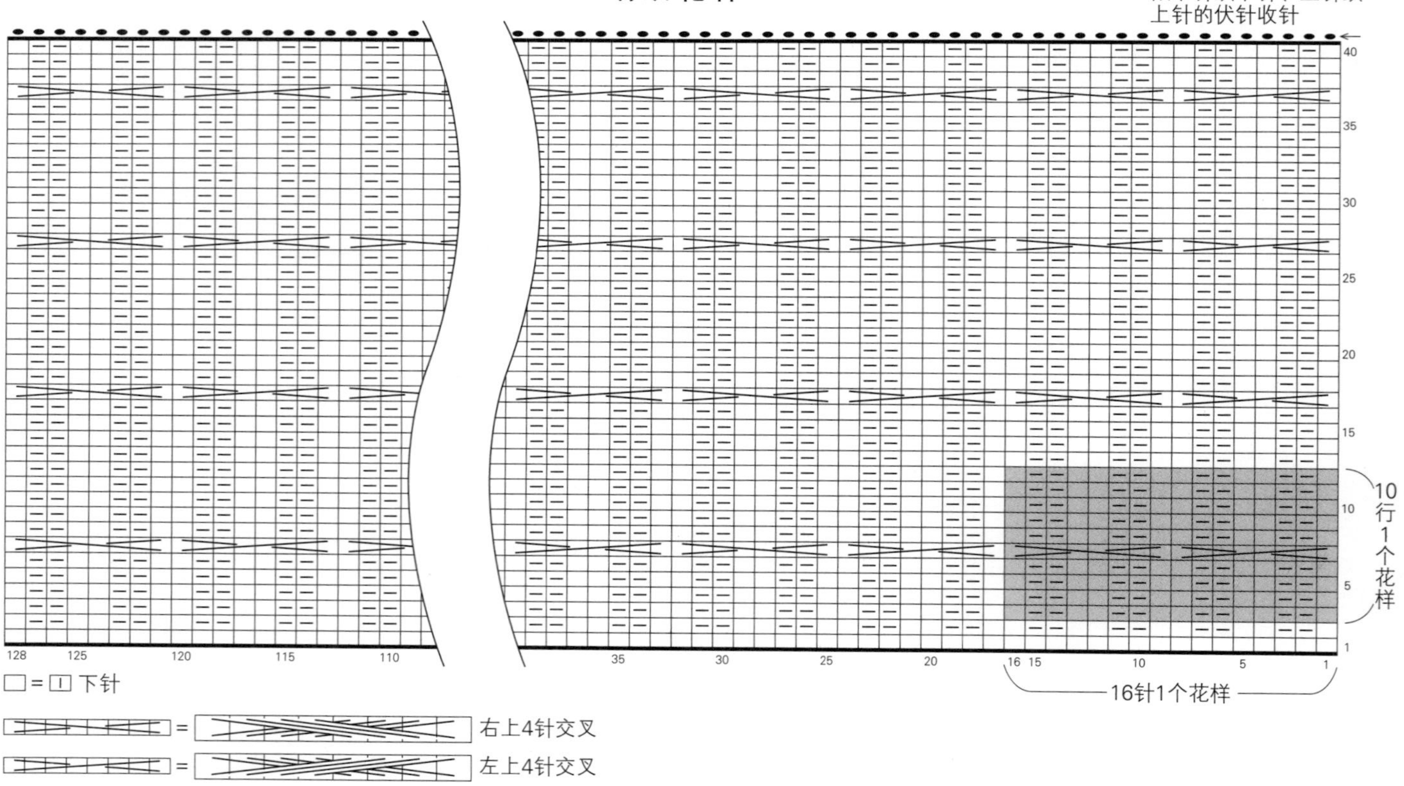

19

23 页

●材料 SKI 风花（中细） 橙色（2014）320g/11 团

●工具 棒针 5 号、4 号，钩针 5/0 号

●成品尺寸 胸围 98cm，肩宽 34cm，衣长 53cm，袖长 50cm

●编织密度 10cm×10cm 面积内：编织花样 21 针，32 行

●编织要点 后身片共线锁针起针，先做边缘编织，然后做编织花样。编织花样正反面是一样的。最后的斜肩和后领窝做伏针收针。前身片在接合一侧编织共线锁针起针进行横向编织，衣领也一起编织。编织斜肩时，衣领和身片分开编织，其中身片的肋部注意不要编织得太紧，然后做伏针收针。前身片的下摆编织起伏针、然后做上针的伏针收针。前后肩部和肋部做针与行对齐接合，把衣领后边中心处做下针无缝缝合，然后与后领窝做针与行对齐接合。衣领边缘编织起伏针。穿时需要把衣领翻过来，所以要看着反面挑针编织。衣袖也共线锁针起针，先做边缘编织，然后做编织花样、下针编织，最后袖下做挑针缝合，再通过引拔针接合到身片上。

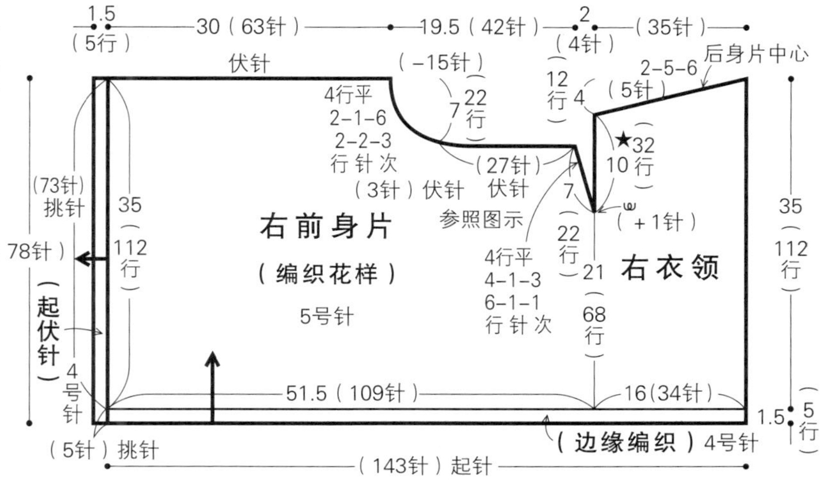

※ 左前身片和右前身片对称编织

编织花样

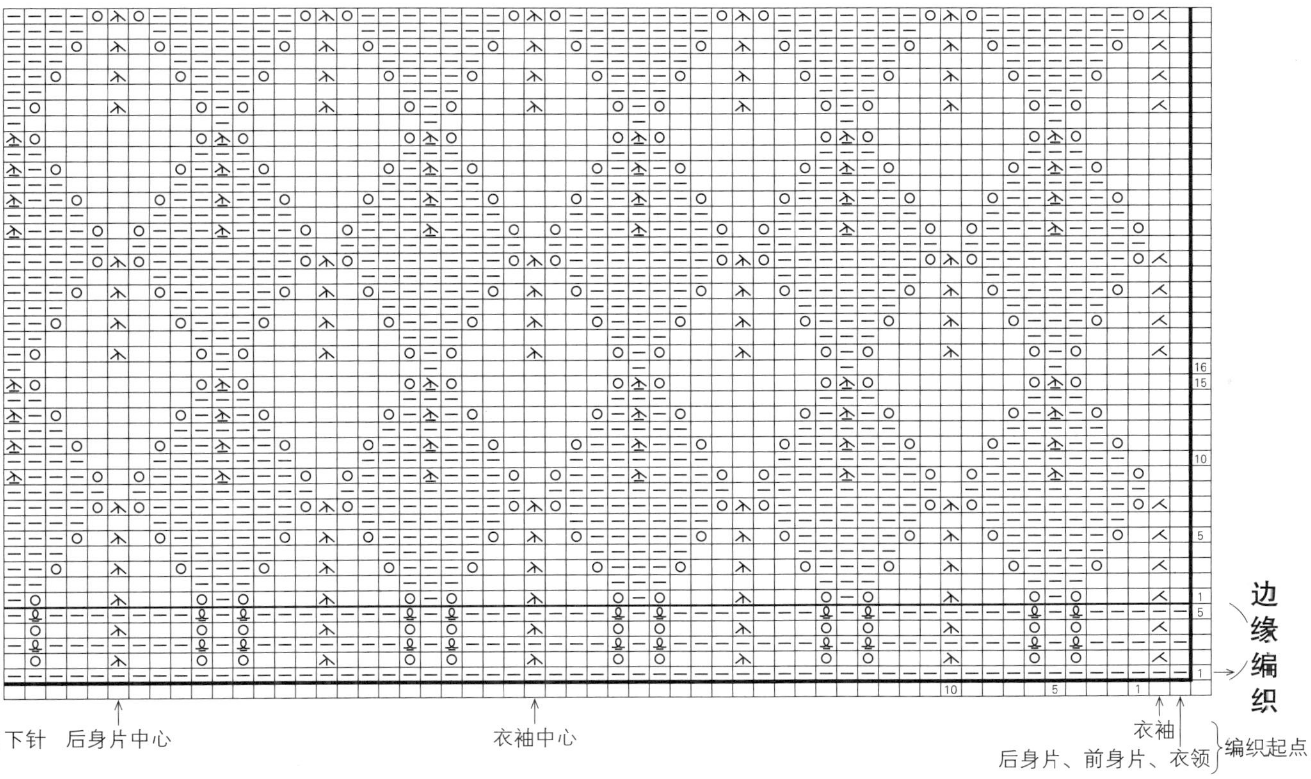

□=□ 下针

起伏针（衣领边缘）

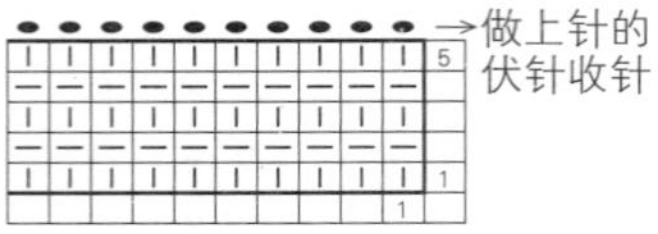

衣领边缘（起伏针）4号针

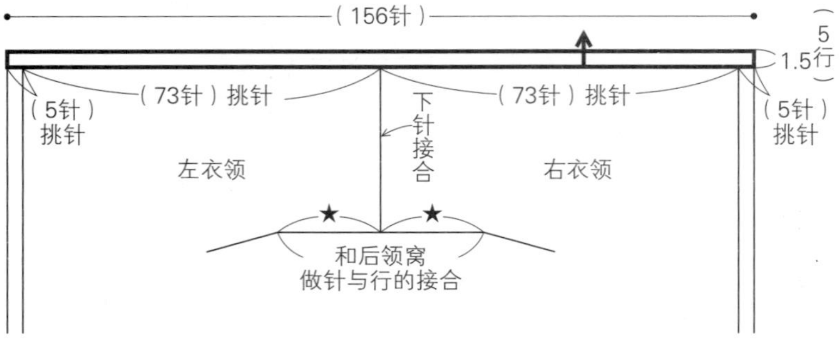

※看着衣领的反面挑针编织边缘

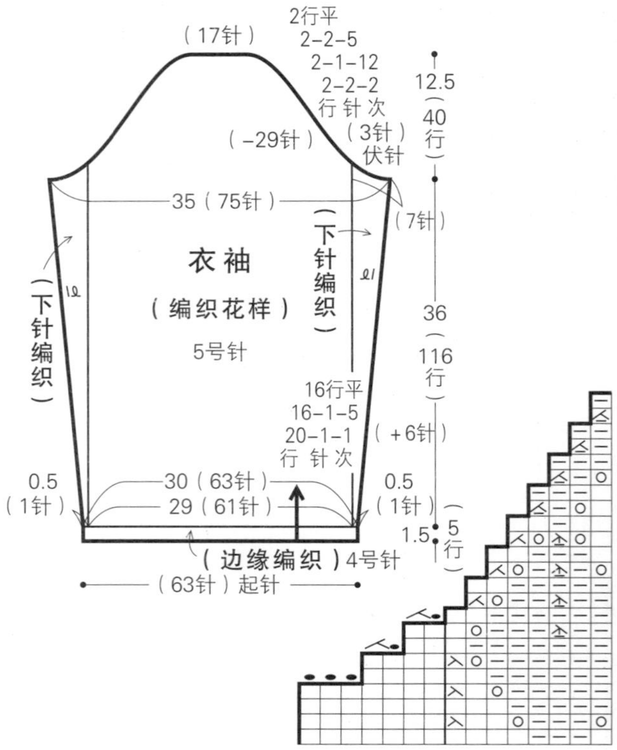

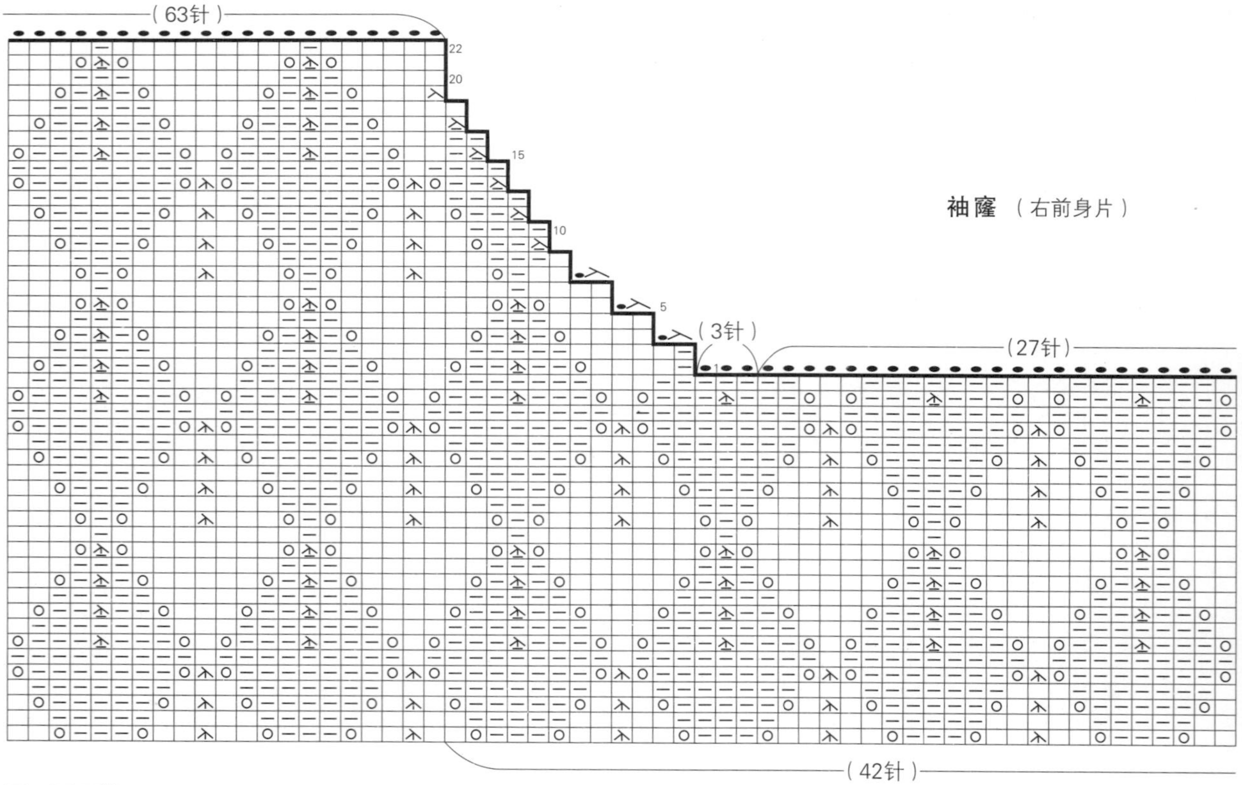

□=⊡ 下针

袖山

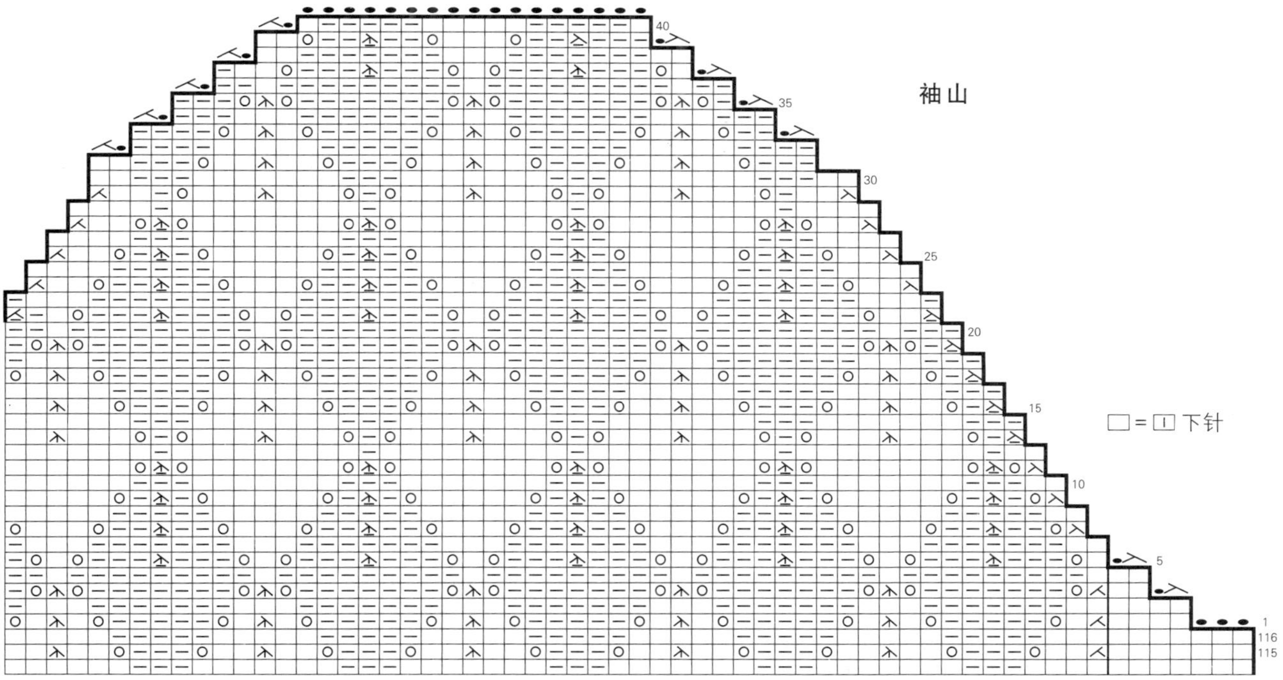

□ = □ 下针

右衣领

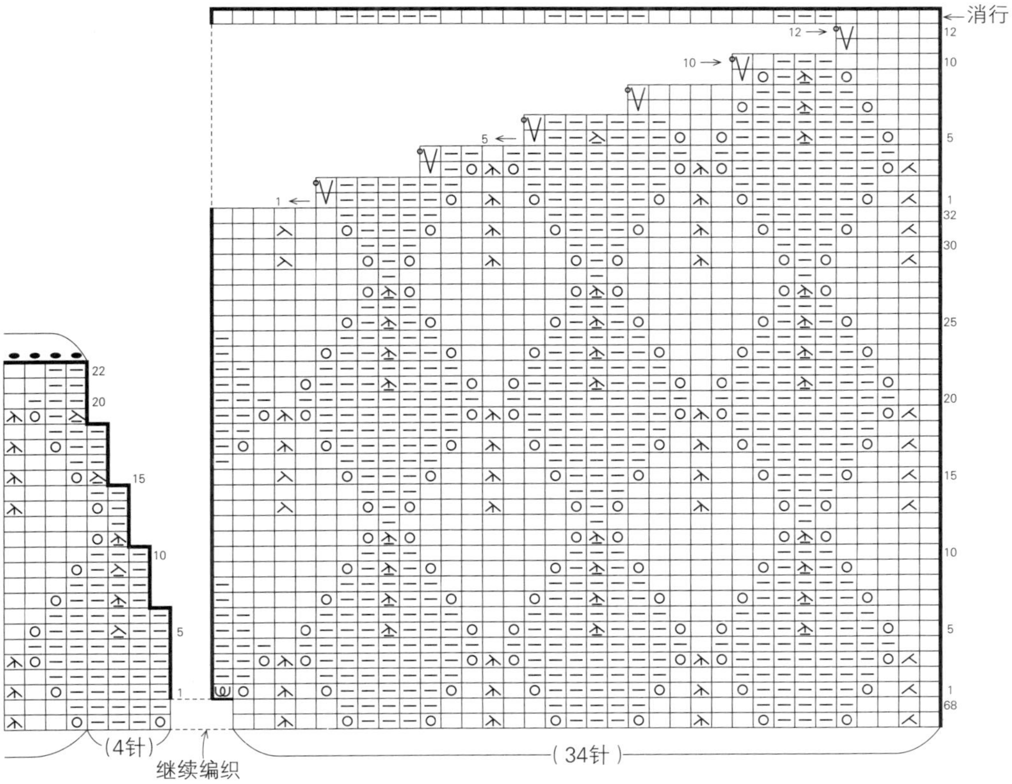

20

24 页

●**材料** SKI FWORL（中粗） 蓝绿色（2219）335g/12 团

●**工具** 棒针 6 号

●**成品尺寸** 胸围 103cm，肩宽 38cm，衣长 62cm，袖长 53.5cm

●**编织密度** 10cm×10cm 面积内：下针编织 19.5 针，26 行；编织花样 24 针，26 行

●**编织要点** 后身片手指起针，先做上针编织，然后整体做下针编织。减 2 针及以上时做伏针减针、减 1 针时立起侧边 1 针减针。前身片和前门襟的编织花样一起编织，领窝的减针在前门襟外侧进行。衣领处增加缝合用的 1 针，从前门襟继续编织，最终针目休针。衣袖按照后身片的方法编织，在袖下侧边 1 针内侧做扭针加针。肩部做盖针接合，左、右衣领对齐引拔接合，与后领窝做针与行对齐接合。衣袖与身片之间做引拔接合。

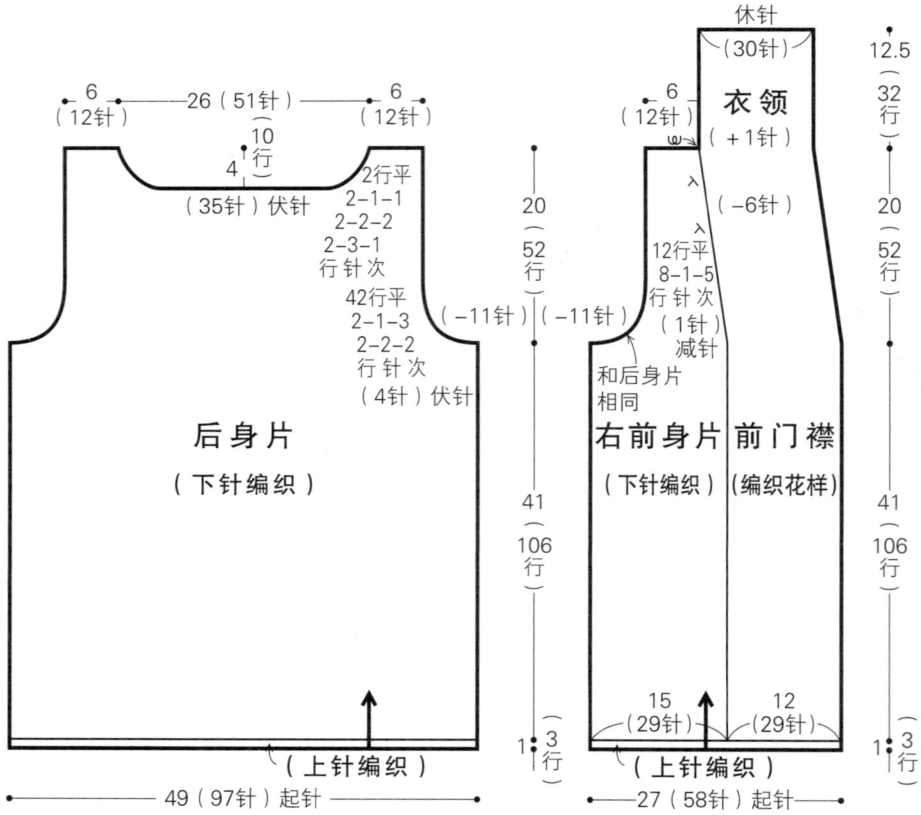

※ 全部用6号针编织

※ 左前身片和右前身片对称编织

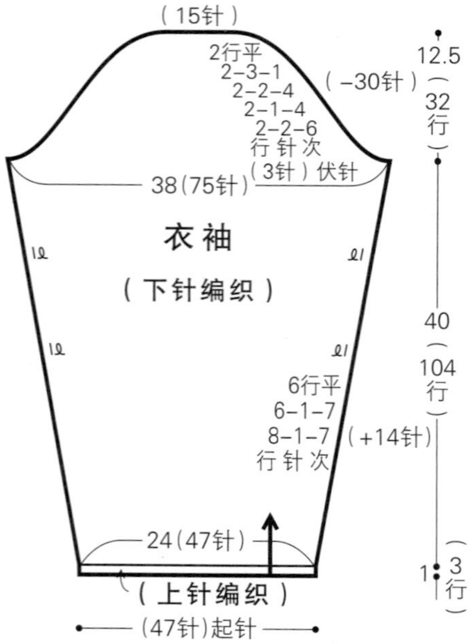

编织花样

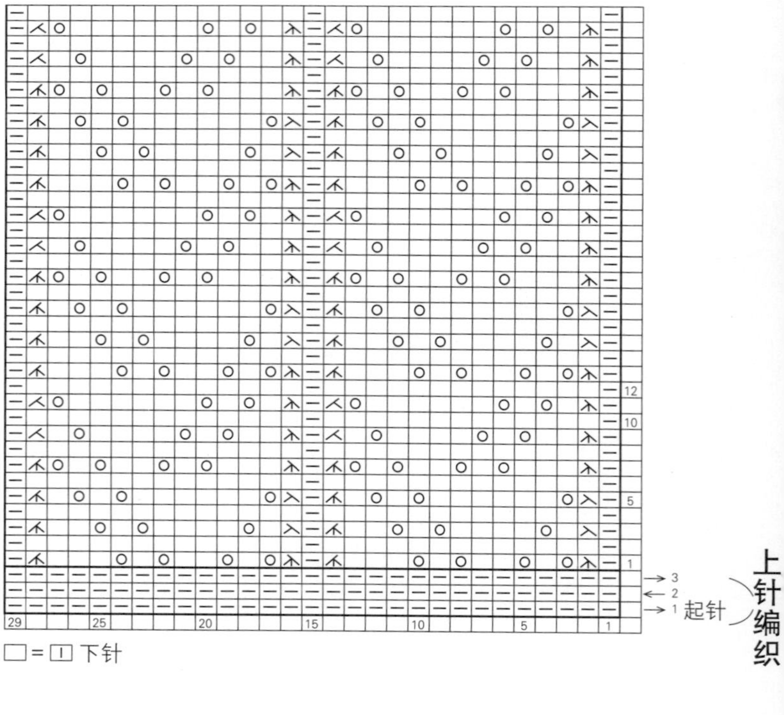

□ = ▯ 下针

16

19 页

●**材料** SKI CURLY（超级粗）a：黄色＋绿色系（6332），b：深蓝色系（6333）各 80g/各 1 团

●**工具** 棒针 12 号

●**成品尺寸** 宽 19cm，长 71cm

●**编织密度** 10cm×10cm 面积内：编织花样 13 针，18 行

●**编织要点** 手指起针，做起伏针、编织花样。插口的第 1 行的约一半针目编织起伏针和桂花针，最后做伏针收针。把插口正面朝外折叠，插口的第 1 行和伏针收针的半针环形做卷针缝缝合。

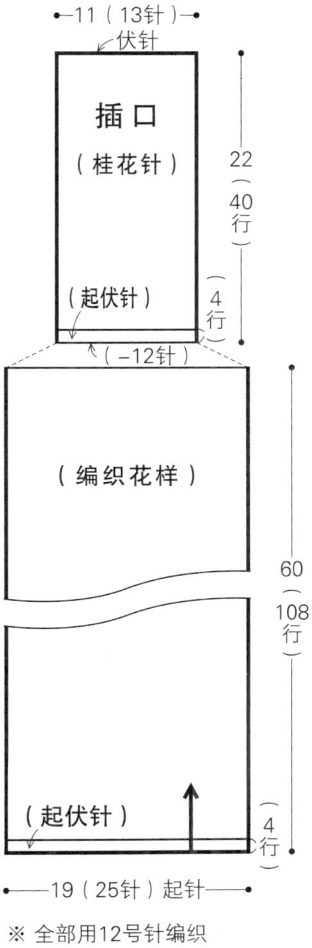

※ 全部用12号针编织

组合方法

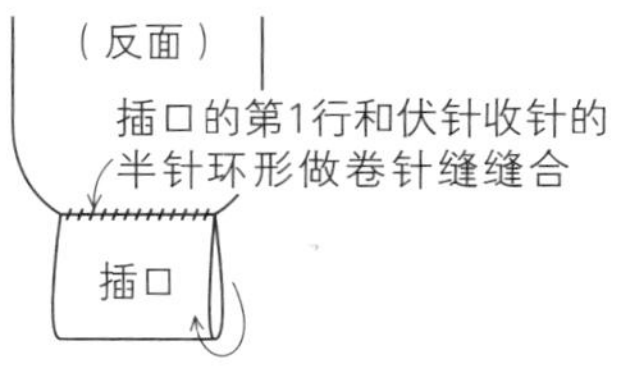

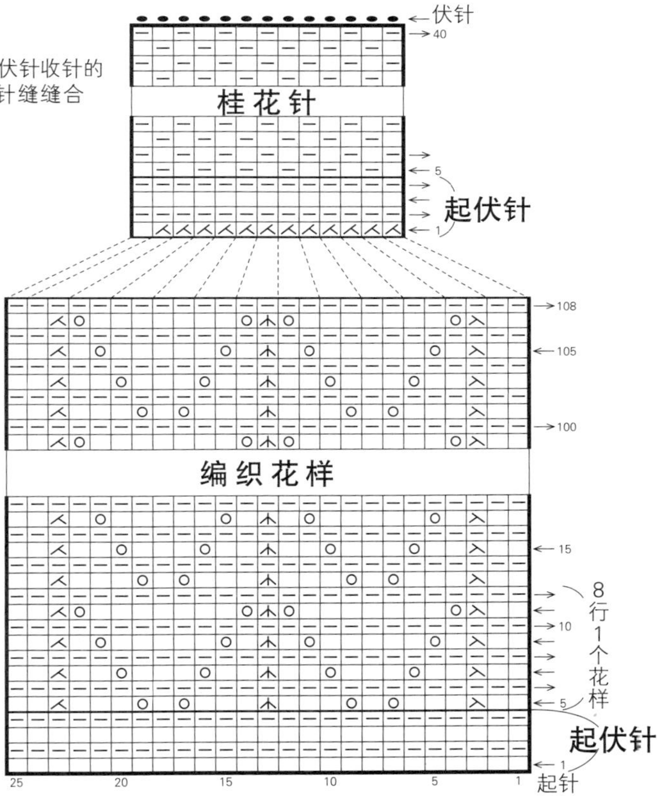

□＝□ 下针

木 ⇒ 编织方法参照93页

21

25 页

●**材料** SKI FWORL（中粗） 茶色（2217）200g/7 团、蓝色（2219）70g/3 团

●**工具** 棒针 8 号、6 号

●**成品尺寸** 胸围 100cm，衣长 58.5cm，连肩袖长 27.5cm

●**编织密度** 10cm × 10cm 面积内：配色花样、编织花样均为 23 针，24 行

●**编织要点** 身片手指起针，编织双罗纹针，然后做配色花样。结合花样编织，中途第 13 行减 1 针，在第 45 行再做 1 针扭针加针。从胸部交界处做编织花样。前领窝立起侧边 2 针进行减针。斜肩剩余的部分做引返编织。前后身片的肩部做盖针接合，胁部从袖口开口止位到开衩止位做挑针缝合。衣领和袖口分别环形编织双罗纹针，最后做下针织下针、上针织上针的伏针收针。

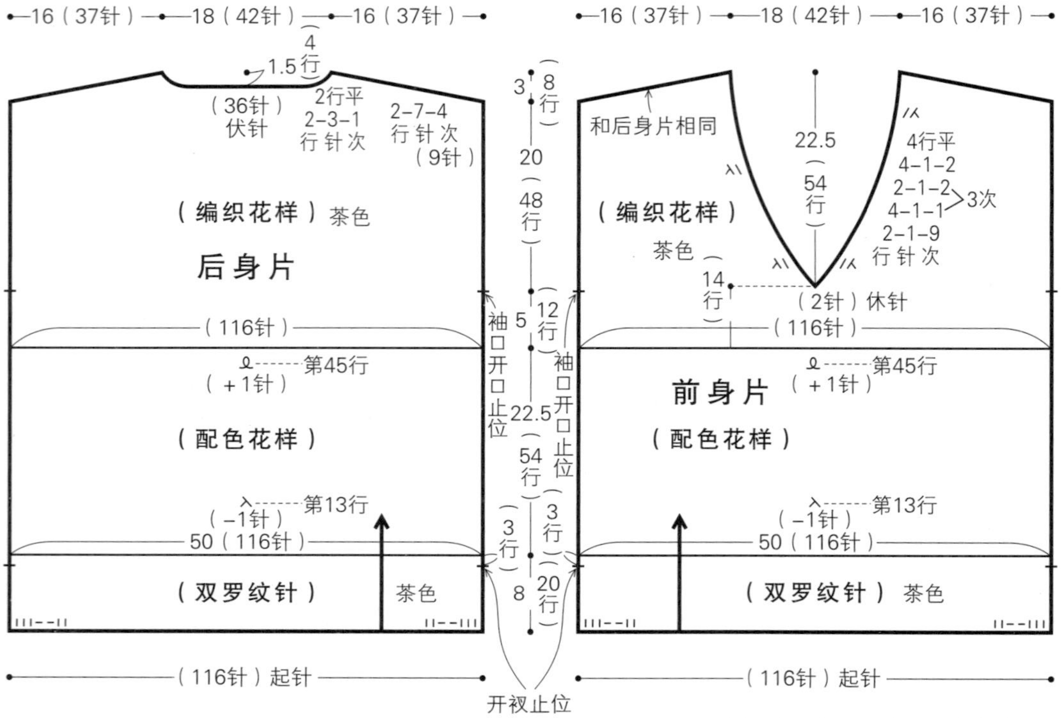

※ 除衣领、袖口以外均用8号针编织

衣领、袖口

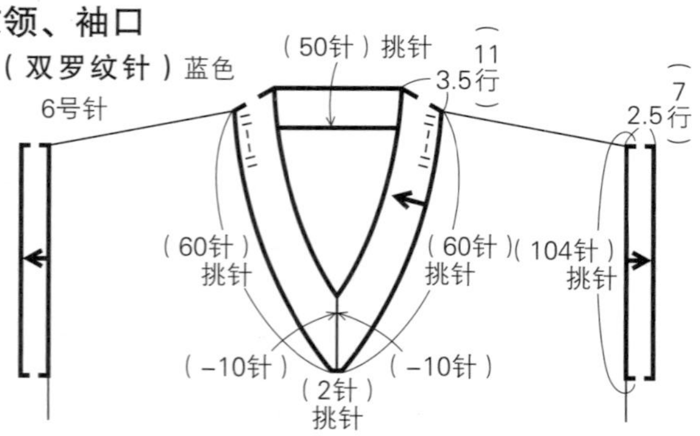

V领尖的减针

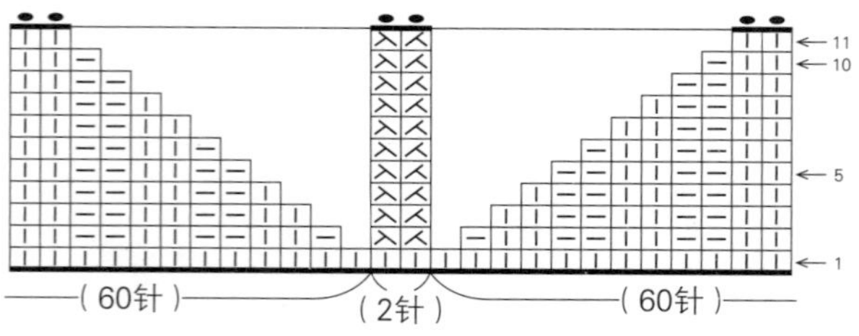

双罗纹针（衣领）

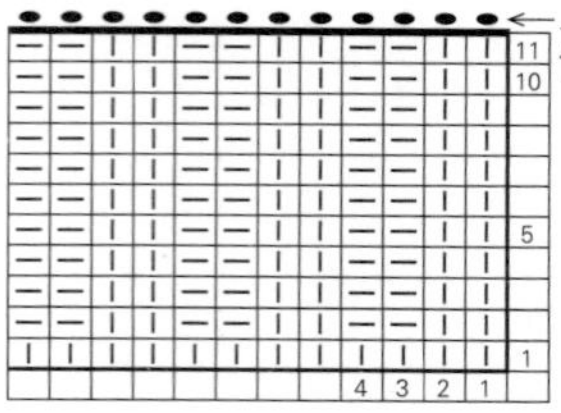

双罗纹针（下摆、袖口）

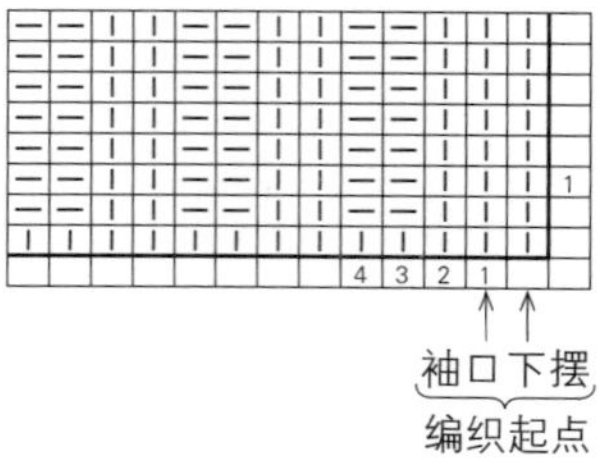

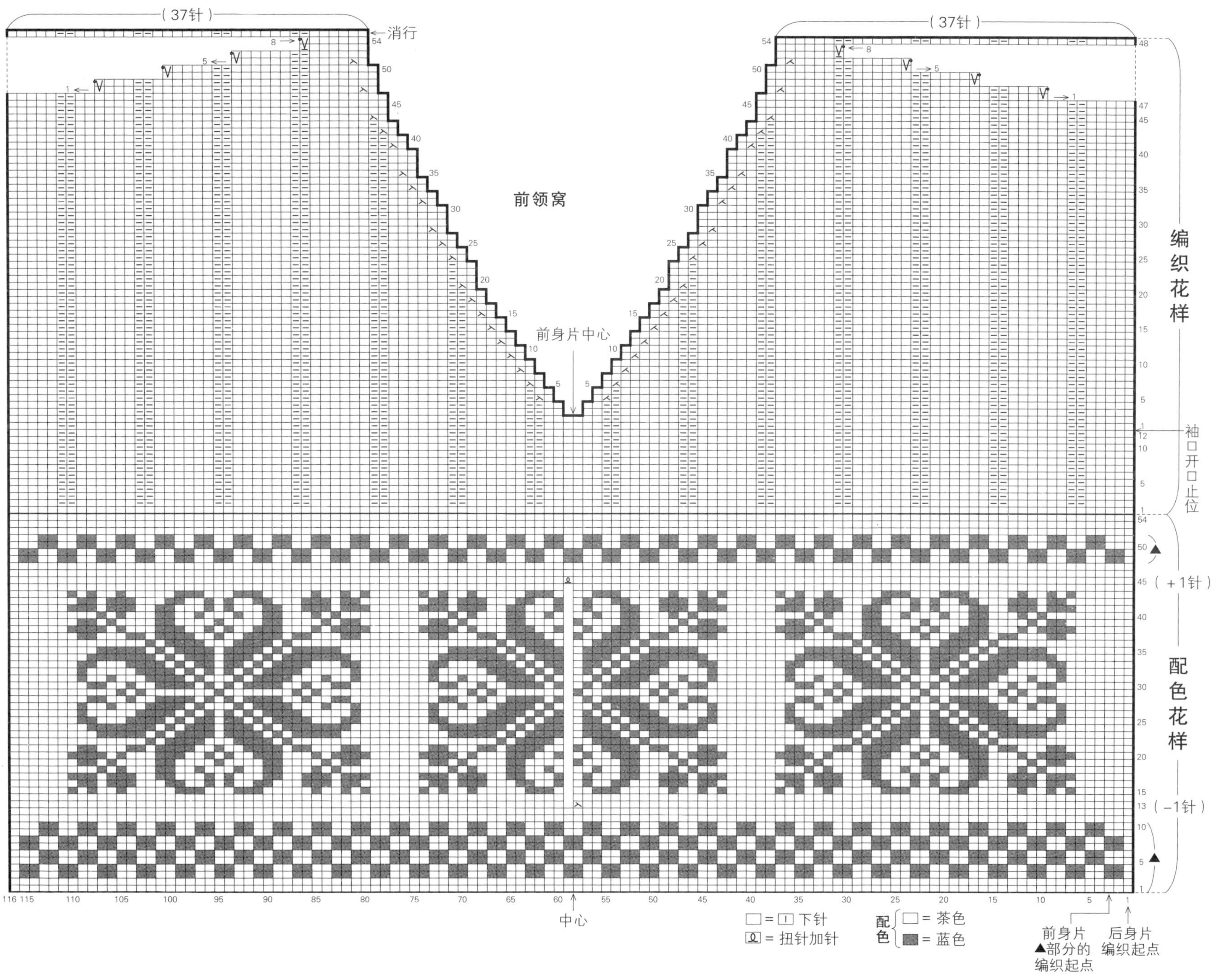

（37针）
消行
前领窝
前身片中心
编织花样
袖口开口止位
配色花样
（+1针）
（-1针）
中心
□=□ 下针
= 扭针加针
配色 □=茶色
■=蓝色
前身片▲部分的编织起点
后身片编织起点

22

27 页

●材料 SKI LANA MELANGE（粗） 茶色系（2827）360g/12 团、绿色系（2823）155g/6 团，直径 2.4cm 的纽扣 4 颗

●工具 钩针 6/0 号

●成品尺寸 胸围 129cm，衣长 47cm，连肩袖长 67cm

●编织密度 条纹花样 A 1 个花样 3.6cm×10cm 13.5 行，编织花样 B 1 个花样 2.6cm×10cm 11 行

●编织要点 身片用 a 色线锁针起针，挑起里山编织条纹花样 A。右前身片前端编织时开扣眼。斜肩参照图示编织。衣袖和身片用同样方法起针，只用 a 色线做编织花样 B。前后肩部钩引拔针和锁针接合，然后衣袖与身片钩引拔针和锁针接合。胁部和袖下钩引拔针和锁针接合，下摆、前门襟、衣领做边缘编织。转角处参照图示加针。袖口环形做边缘编织。

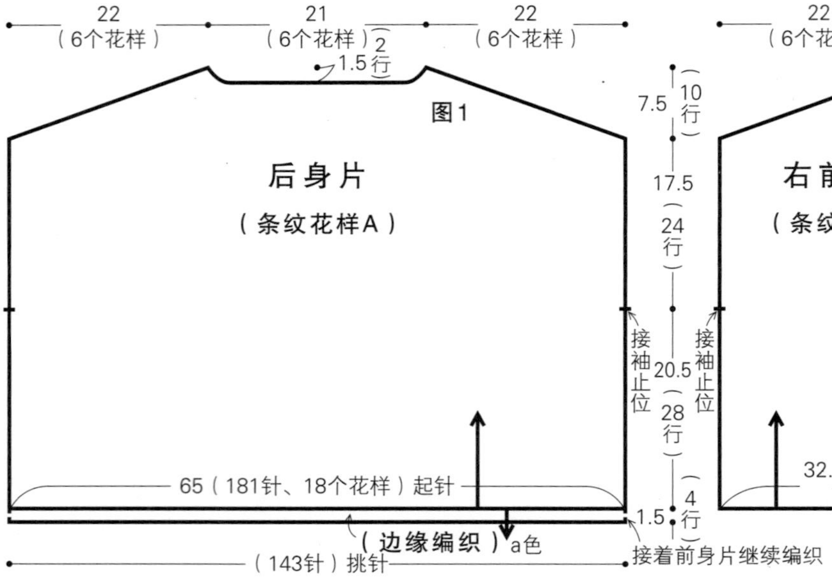

※ 全部用6/0号针编织

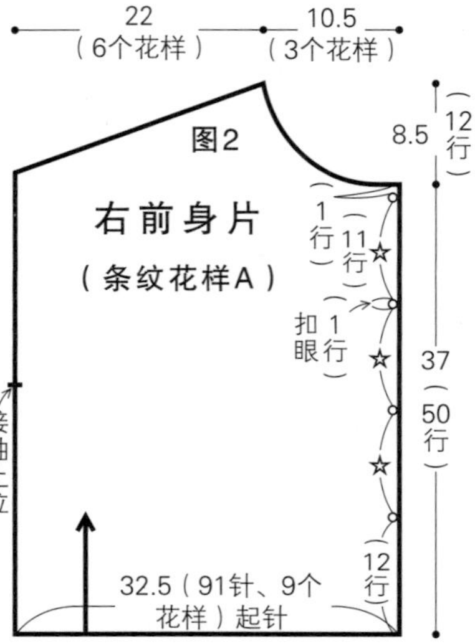

※ 左前身片和右前身片对称编织

a色	茶色系
b色	绿色系

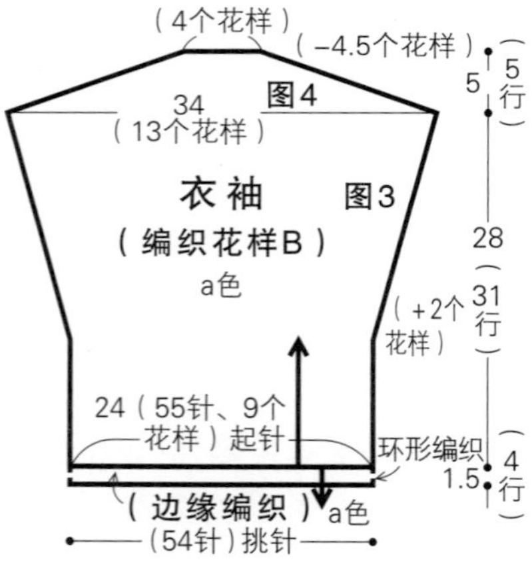

下摆、前门襟、衣领（边缘编织）

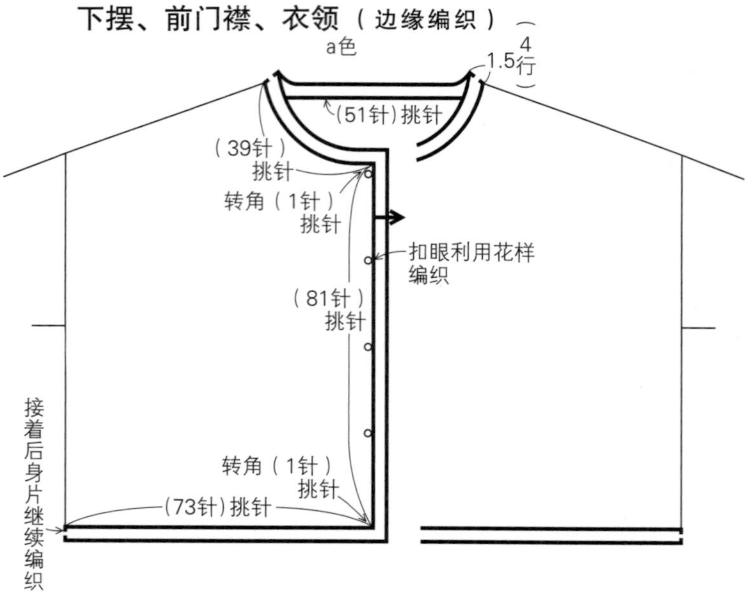

边缘编织

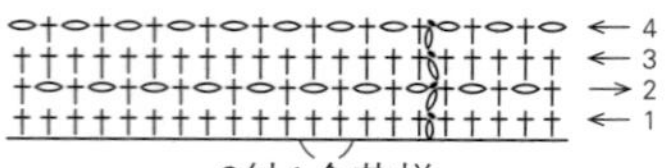

2针1个花样

图1

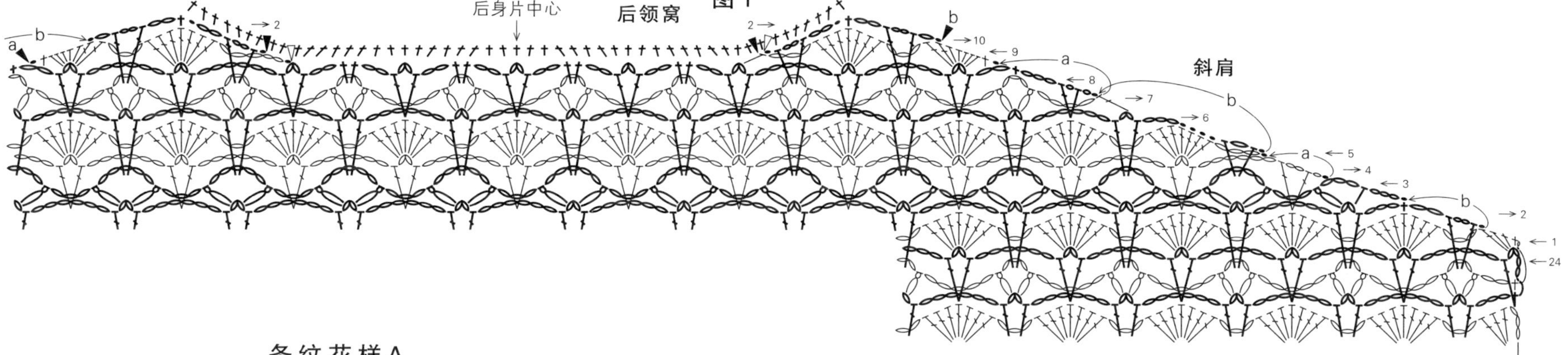

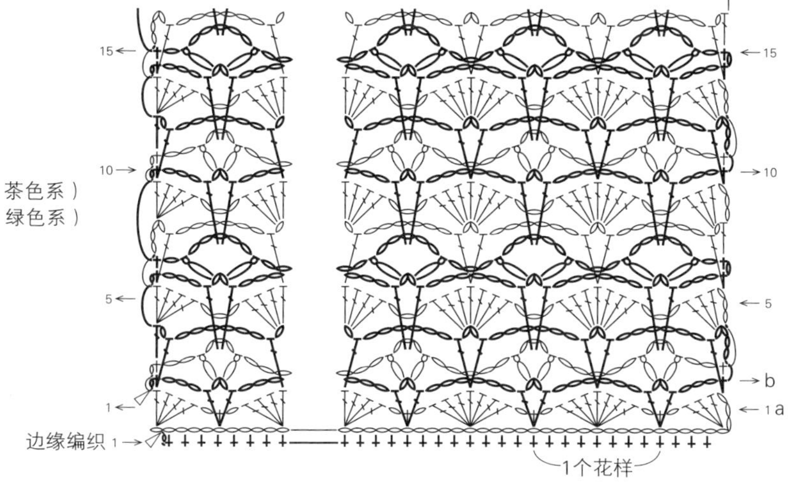

—— = a色（茶色系）
━━ = b色（绿色系）
◁ = 加线
◀ = 剪线
⤳ = 渡线

条纹花样A

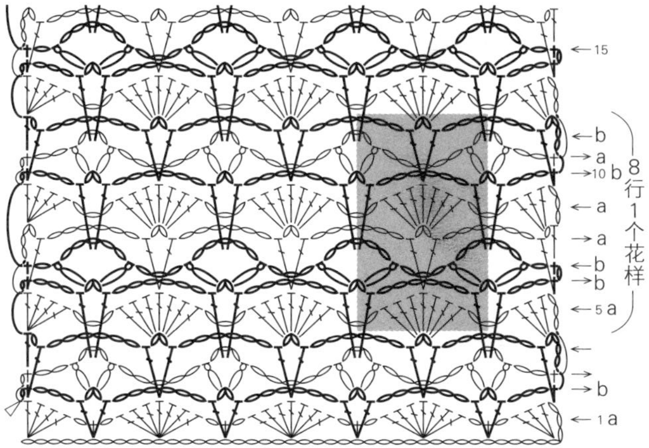

—— = a色（茶色系）
━━ = b色（绿色系）
◁ = 加线

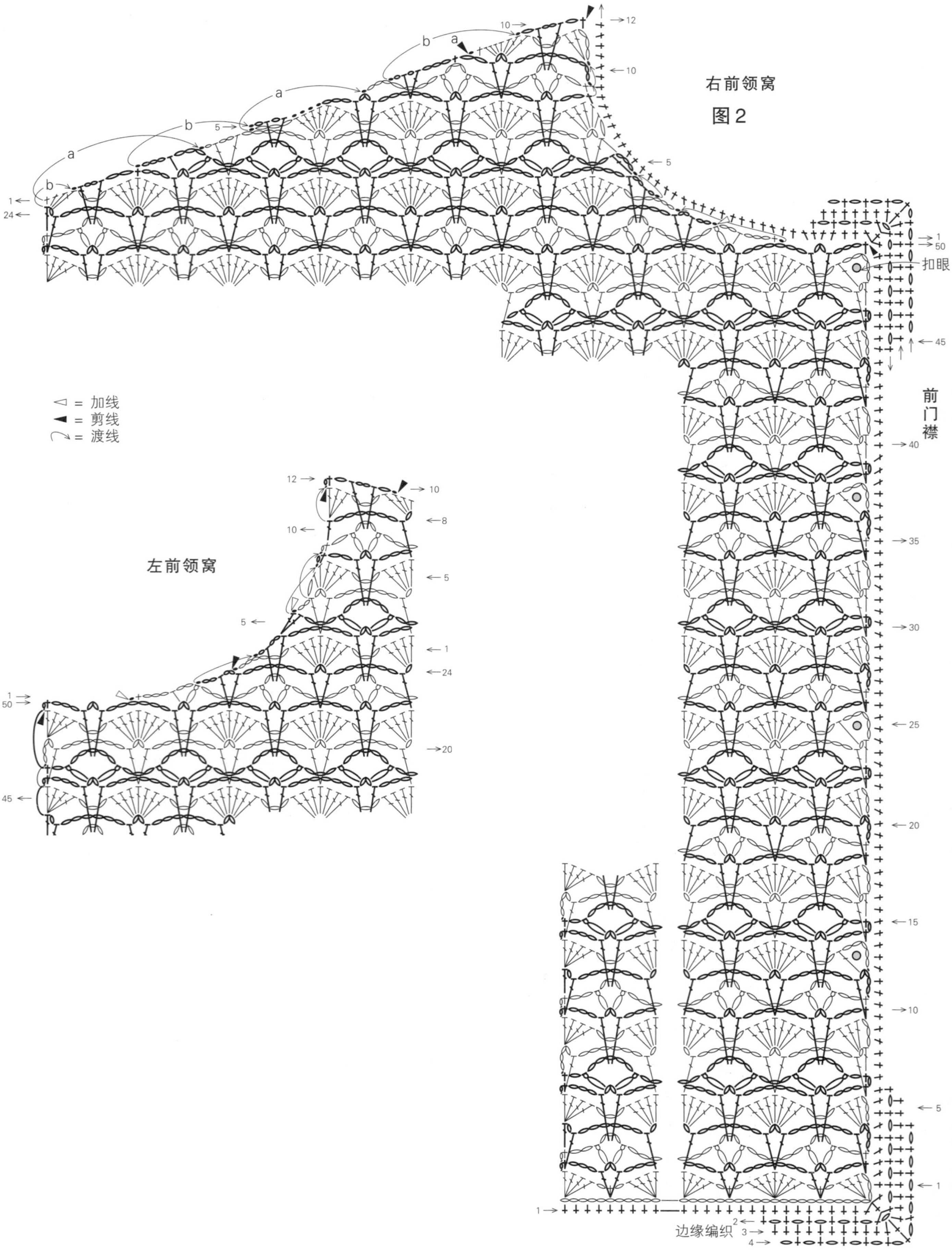

右前领窝

图2

左前领窝

◁ = 加线
◀ = 剪线
↷ = 渡线

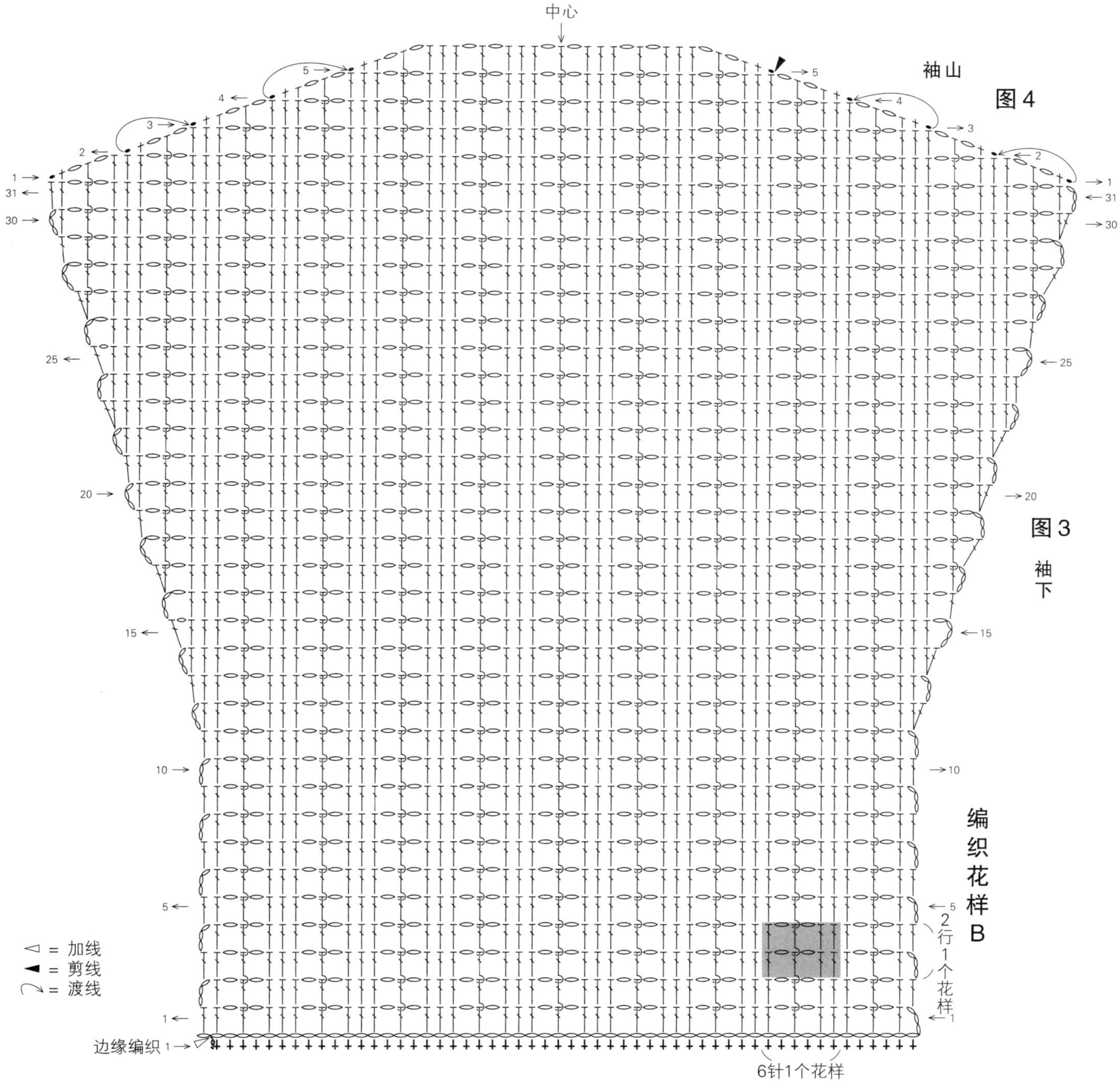
中心
袖山
图4
图3
袖下
编织花样B
2行1个花样
6针1个花样
边缘编织
◁ = 加线
◀ = 剪线
⤸ = 渡线

23

28页

●**材料** SKI ALLEGRO（粗） 红茶色系（2854） 230g/8团

●**工具** 棒针6号、5号

●**成品尺寸** 胸围100cm，衣长53cm，连肩袖长26cm

●**编织密度** 10cm×10cm面积内：编织花样A 27.5针，33.5行；编织花样B 30针，30行

●**编织要点** 手指起针，先做上针编织，然后做编织花样A。胸部交界处做上针编织，按照图示加针做编织花样B。斜肩做剩余针目的引返编织。领窝编织伏针和立起侧边针目减针。肩部做盖针接合。胁部挑针缝合到袖口开口止位处。衣领、袖口环形挑针，做上针编织，然后做上针的伏针收针。

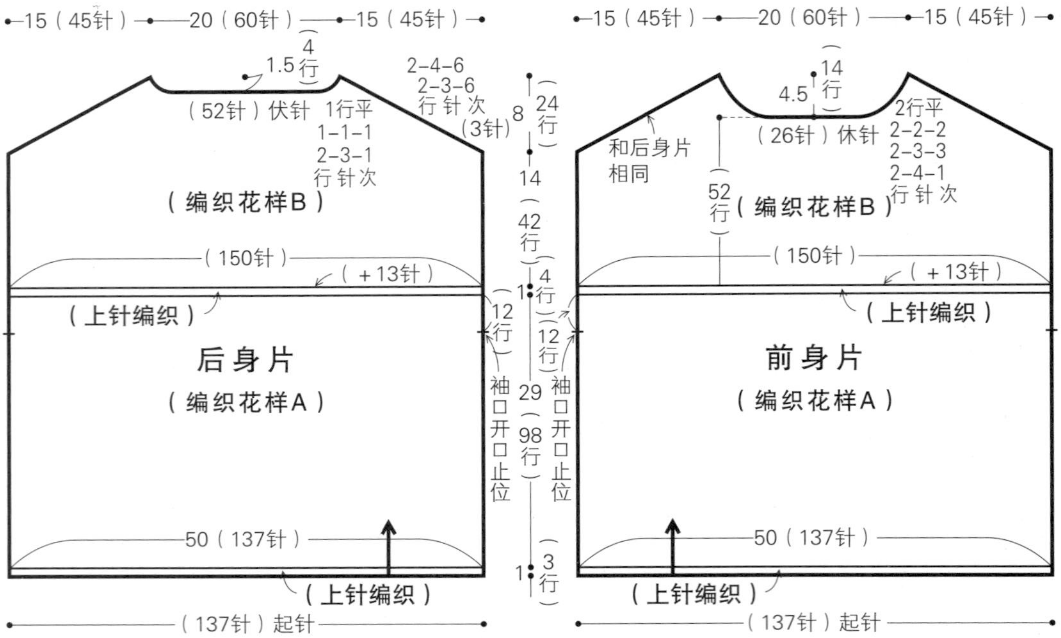

※ 除衣领、袖口以外均用6号针编织

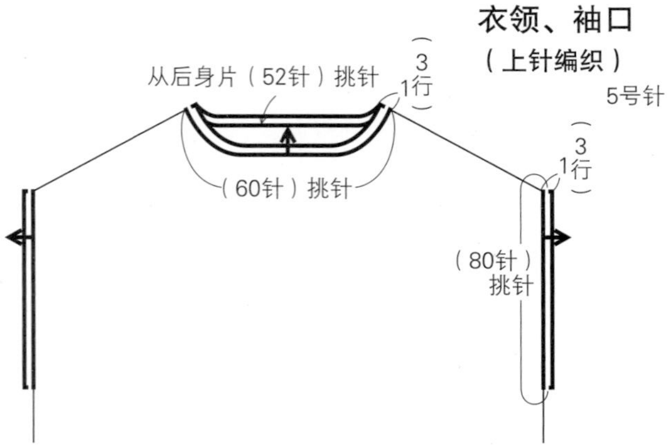

上针编织（衣领、袖口）

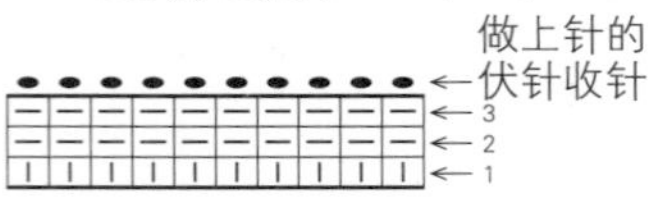

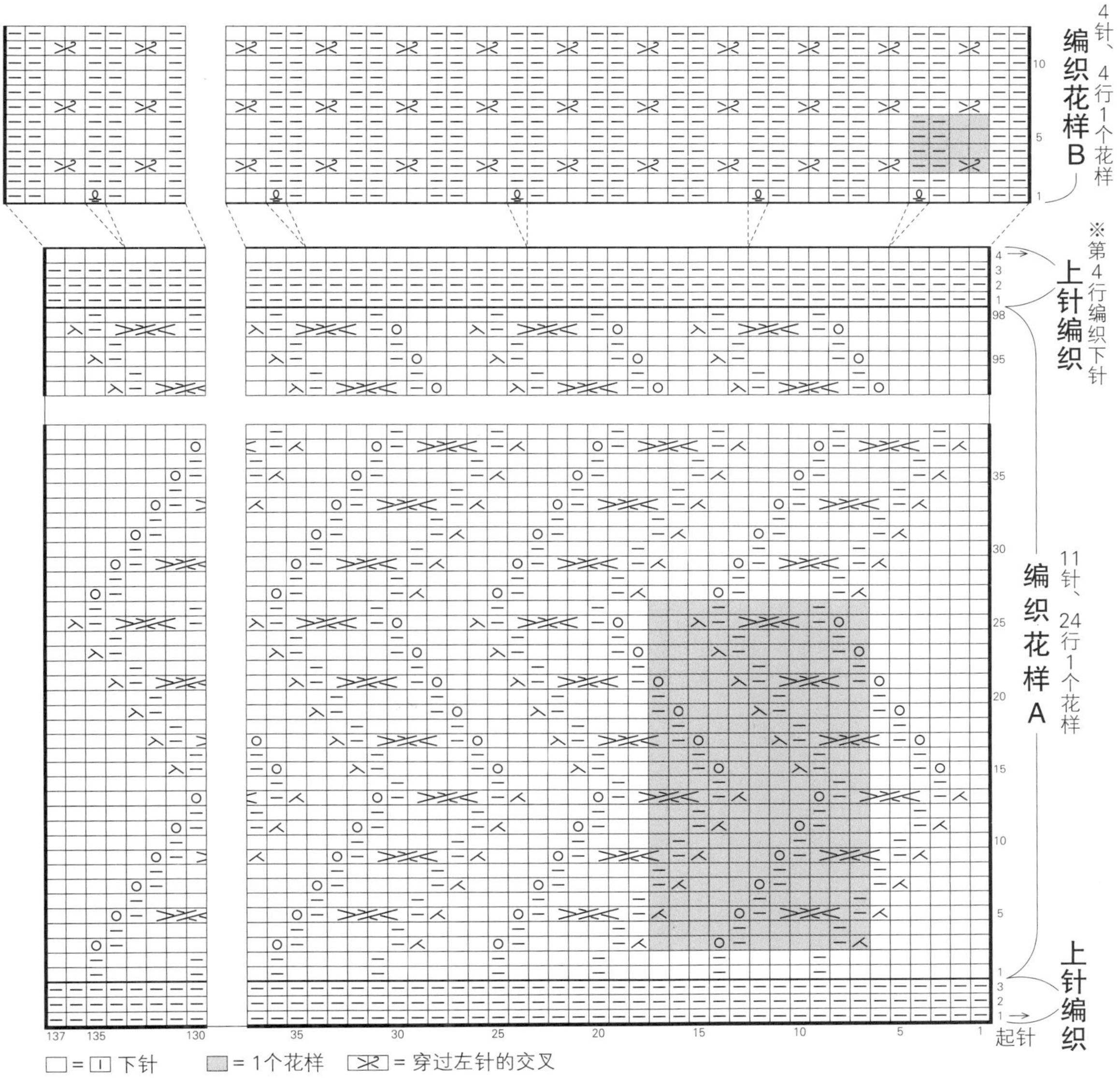

□ = ⊡ 下针　▒ = 1个花样　⊠ = 穿过左针的交叉

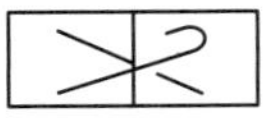

穿过左针的交叉

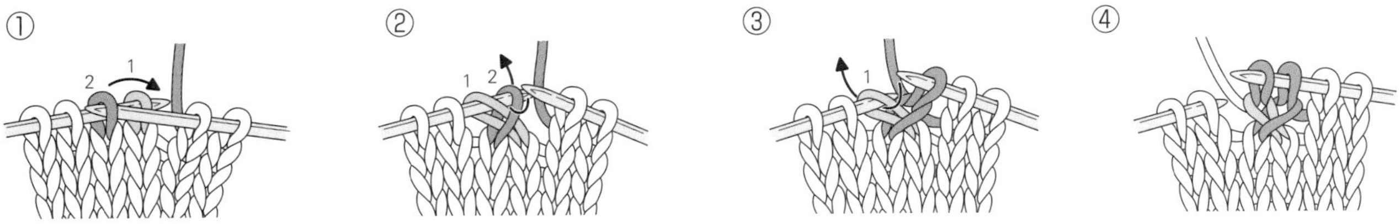

24

29 页

●材料 SKI MARLENE（极粗）砖红色（2409）270g/7 团

●工具 棒针 8 号

●成品尺寸 胸围 100cm，衣长 51.5cm，连肩袖长 31.5cm

●编织密度 10cm×10cm 面积内：编织花样 A、B 均为 17.5 针，23 行

●编织要点 从育克向下摆编织。育克另线锁针起针，做编织花样 A，一边分散加针一边做环形编织。前后身片和袖口分开编织，后身片做 4 行编织花样 B 形成前后差。腋下另线锁针挑针，后身片做编织花样 B。前身片从育克和另线锁针的腋下挑针，按照后身片的方法编织。胁部做挑针缝合，下摆做环形编织花样 B'，一边编织上针的伏针收针。衣领拆开另线锁针挑针，编织起伏针，最终针目做上针织上针的伏针收针。袖口拆开另线锁针挑针，前后差从育克袖口部分边减针边挑针，编织起伏针。

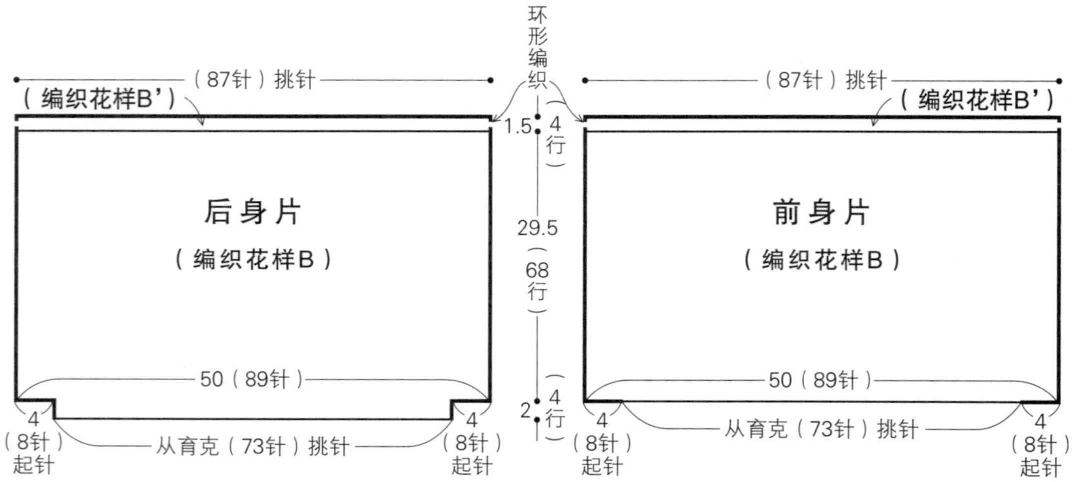

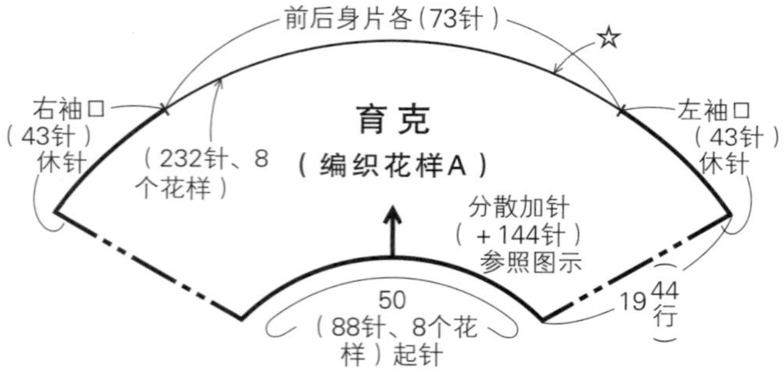

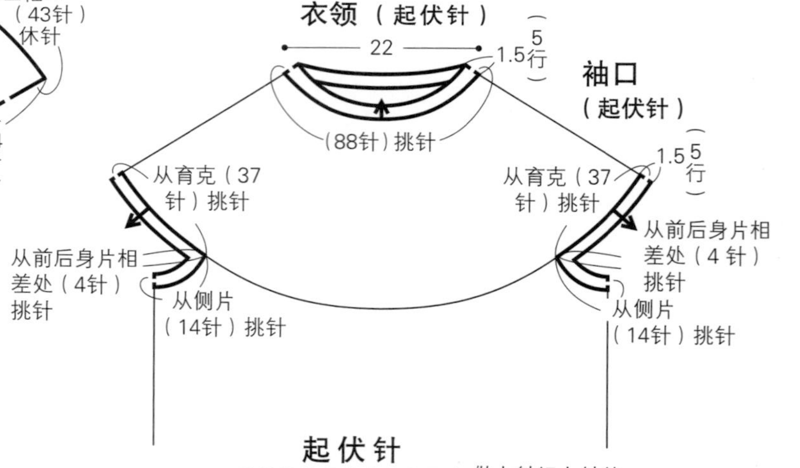

※ 全部用8号针编织

☆ 针目数量变化会影响到编织花样，所以从育克开始身片、袖口分开部分参照图示编织

起伏针

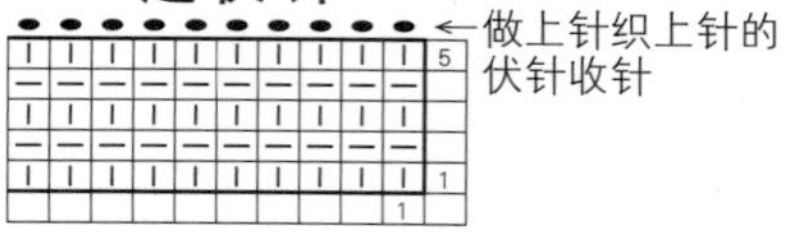

编织花样

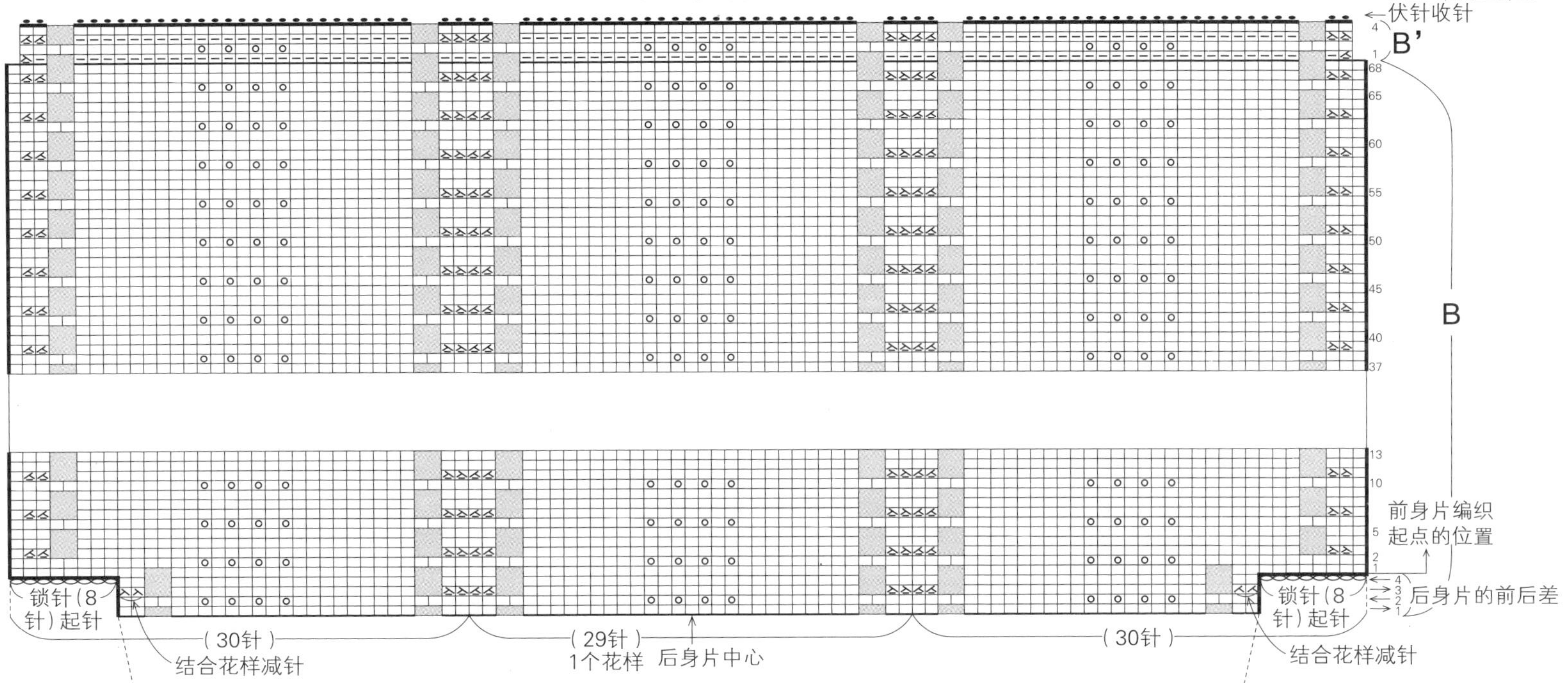

编织花样A和育克的分散加针

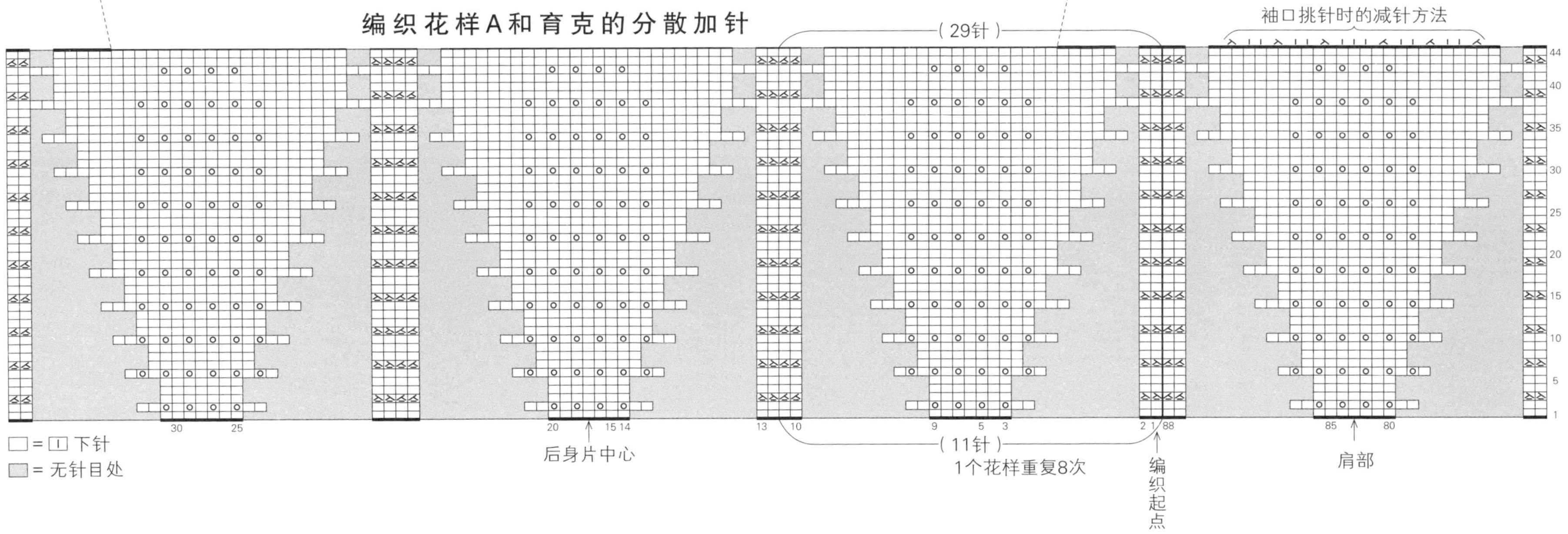

25

30 页

●材料 SKI ALLEGRO（粗）黄色系（2853）235g/8 团，SKI TASMANIAN POLWARTH（粗）原白色（7002）55g/2 团

●工具 棒针 5 号，钩针 4/0 号

●成品尺寸 胸围 104cm，衣长 54.5cm，连肩袖长 58.5cm

●编织密度 10cm×10cm 面积内：编织花样 A 19 针，32 行；编织花样 B 1 个花样（15 针）5cm×10cm 32 行

●编织要点 编织花样 A 另线锁针起针，编织花样 B 手指起针开始编织。后身片的编织花样 A 的①和②编织成锯齿形花样。注意编织花样 A 的编织起点位置。其中的编织花样 B 的 a 按照卡农编织方法把①和②连接起来。用同样的方法编织前身片的⑤、⑥，编织 d 进行连接。接着编织③和⑧的肋长，编织 g 进行连接。在 g 的中心处将前后身片分开，袖下另线锁针起针，通过编织花样 A 编织右袖的⑨和⑫。另一侧④和⑦通过 h 连接，然后编织左袖的⑩和⑪。b、c、e、f 和剩余的部分编织并连接。肩部、袖上、袖下拆开另线锁针，做盖针接合。肩部在编织花样 B 的部分减针。下摆做边缘编织 A、衣领做边缘编织 B。

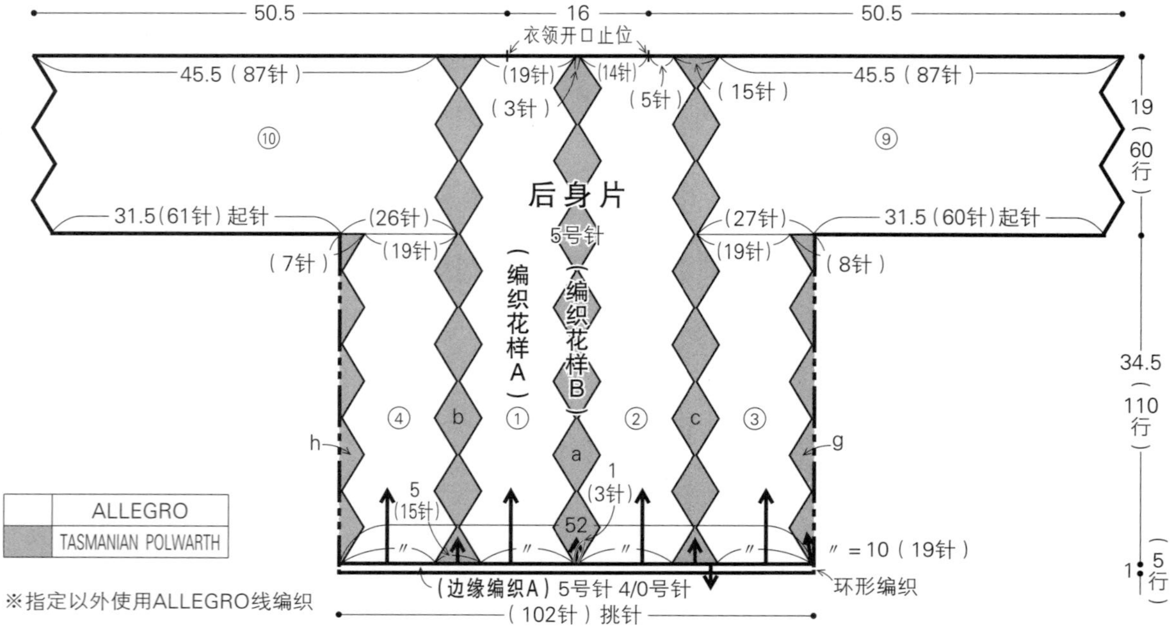

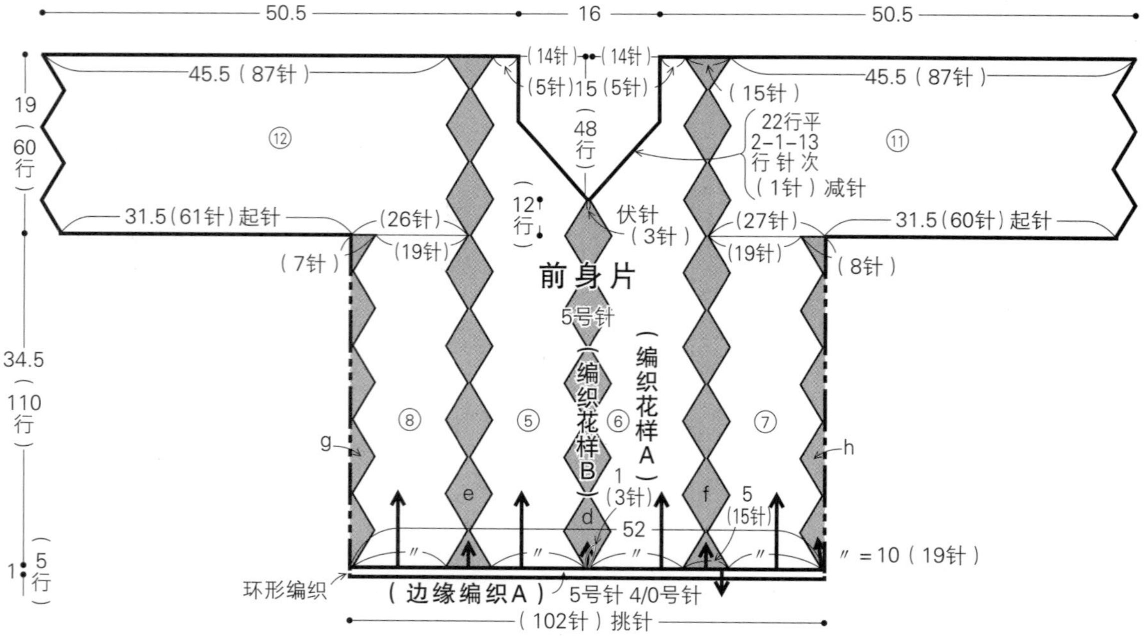

编织花样A

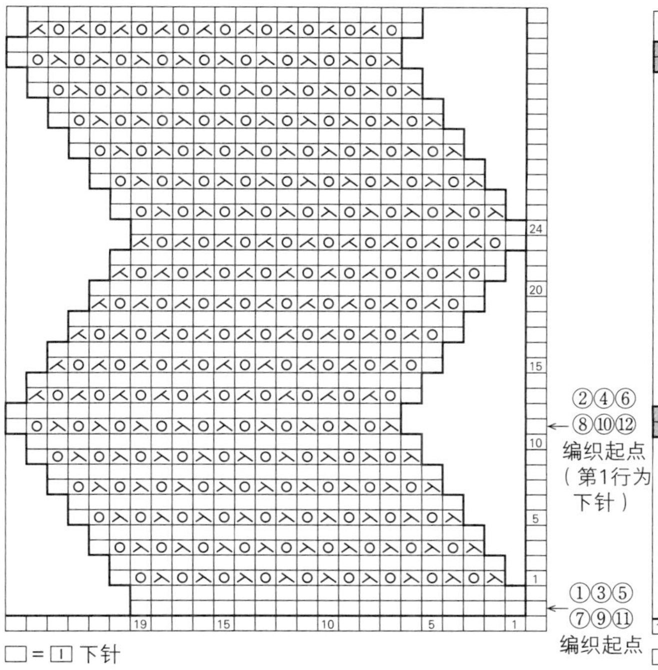

编织花样B

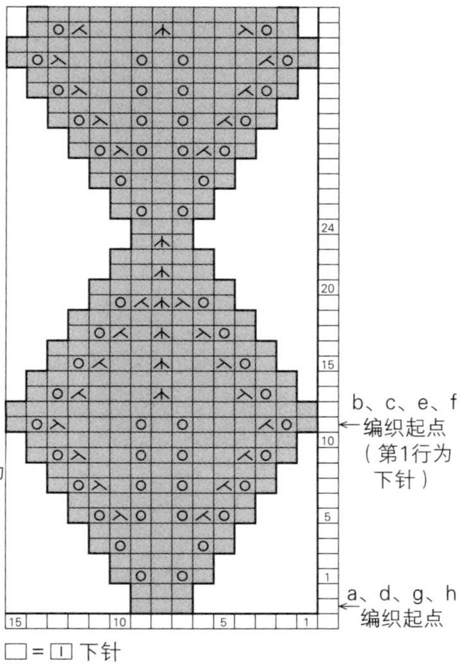

编织花样B的编织方法
（卡农编织）

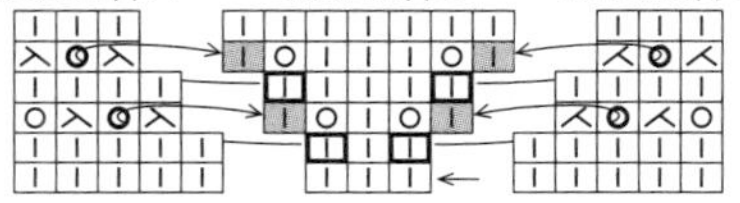

把◫针从○的下方拉出，编织▯的针目

衣领（边缘编织B）
5号针 4/0号针

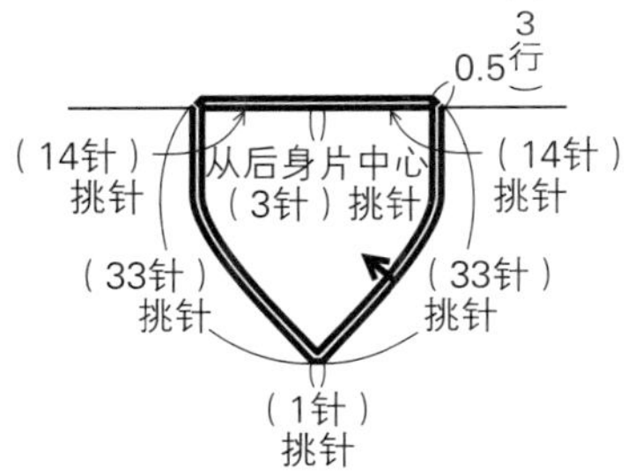

边缘编织B（衣领）

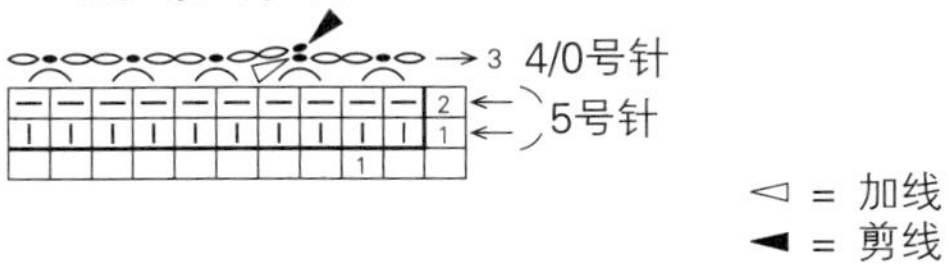

边缘编织A（下摆）

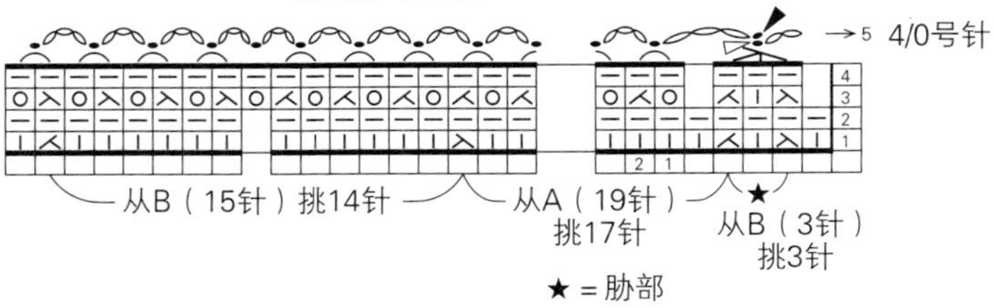

边缘编织B后身片中心的编织方法

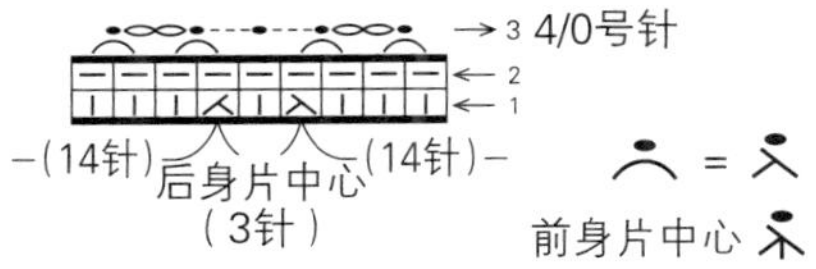

边缘编织B前身片中心的编织方法

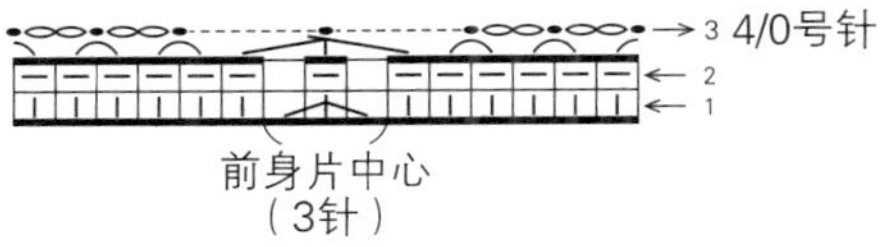

※ 编织花样A挑起针与针中间的那条线

※ 编织花样B（3针）的第5行编织右上3针并1针（4处）

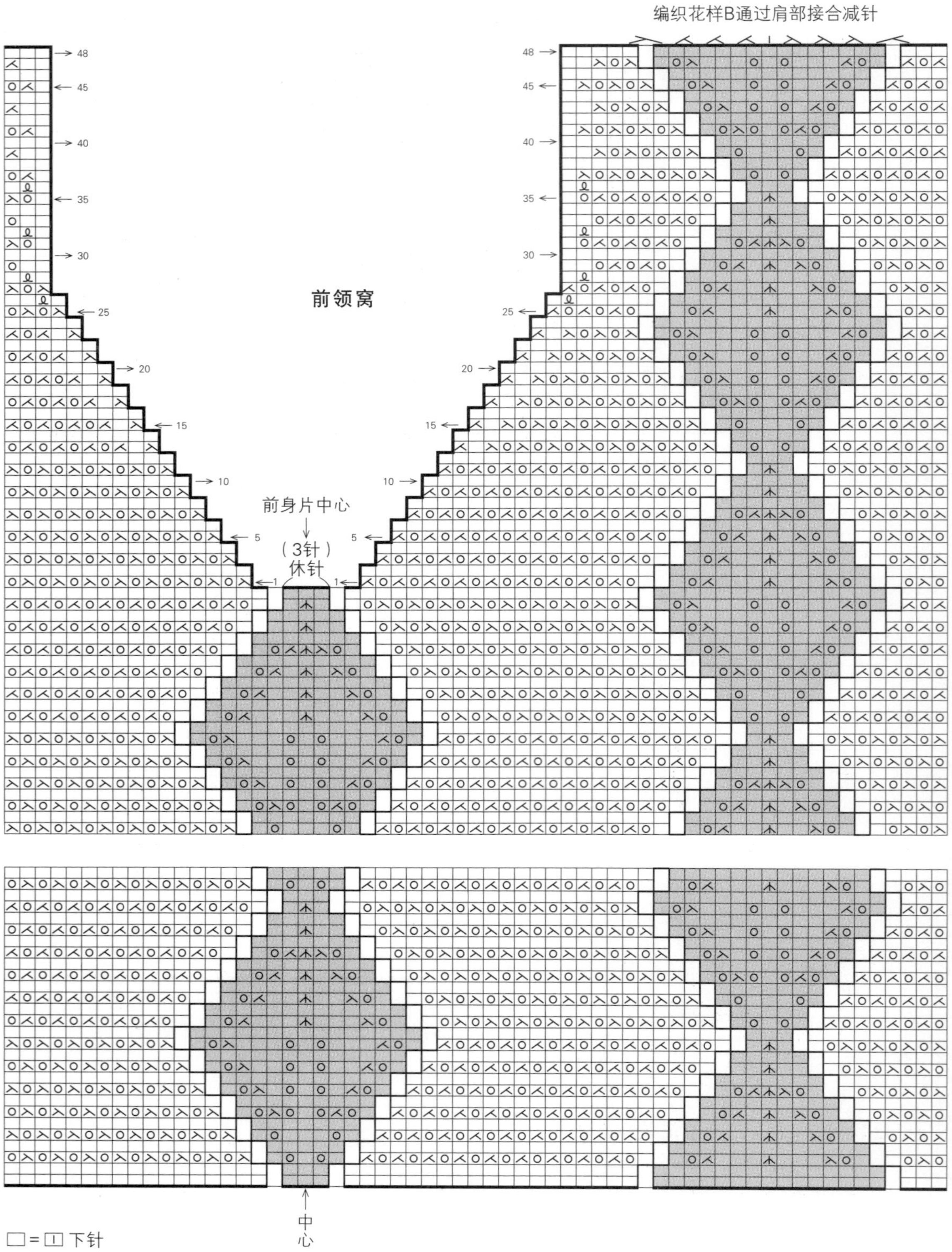

□=□ 下针

Ⓠ=扭针

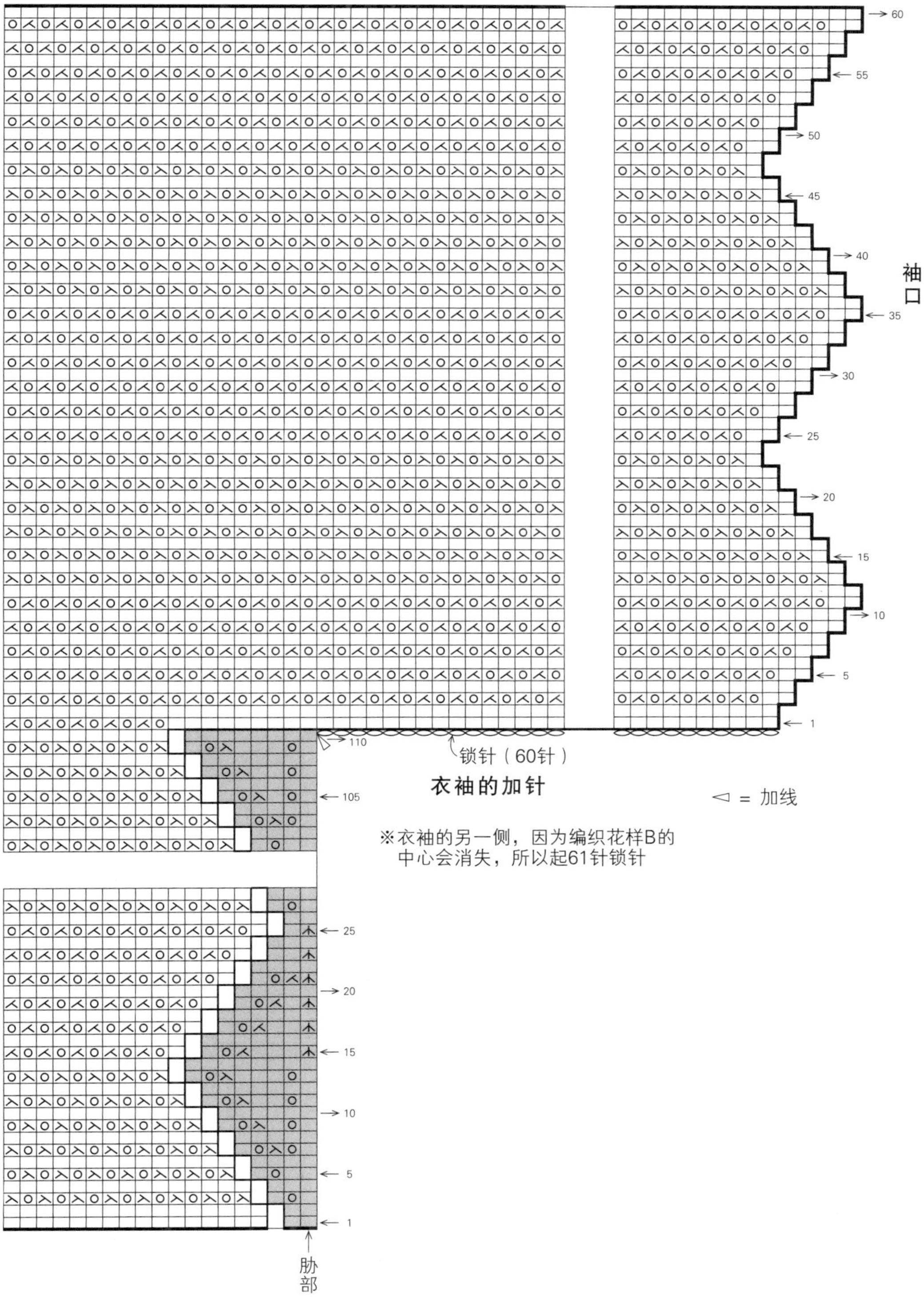

衣袖的加针

◁ = 加线

※衣袖的另一侧，因为编织花样B的中心会消失，所以起61针锁针

共线锁针起针

和作品用同色的线起针。比所用棒针大1号的钩针钩织锁针，不容易起皱。

①

锁针编织所需的针目数。

②

把最后的锁针移到棒针上，这个针目为第1针。

③

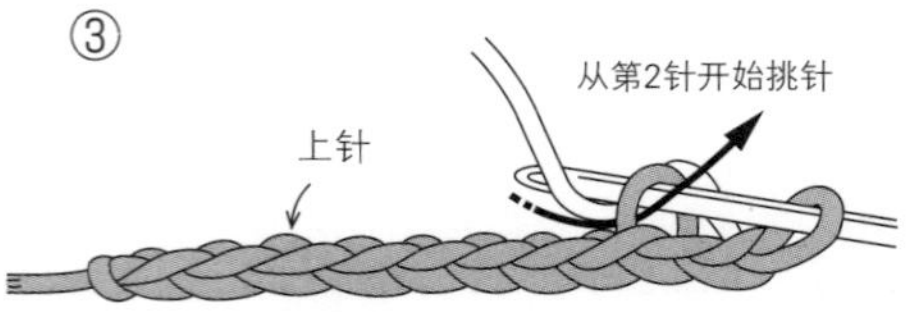

把棒针插入第2针锁针的里山，挂线并拉出。按照此方法一针一针编织。

用钩针辅助起针

①

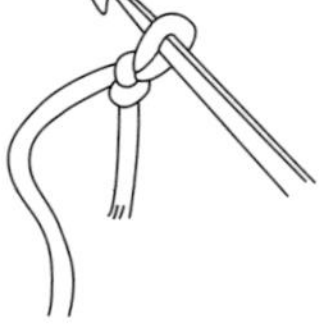

用钩针起第1针锁针。

②

把1根棒针如图所示放到线上，然后直接做锁针编织。

③

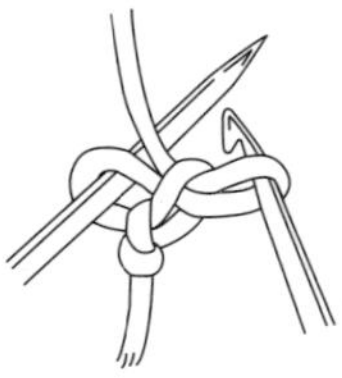

第1针完成。

④

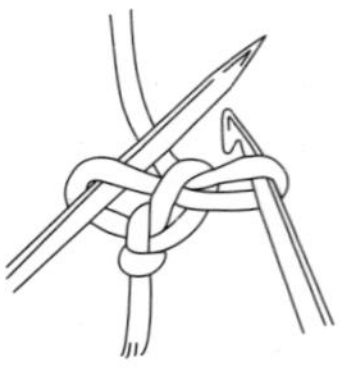

把毛线放到棒针的后面。

⑤

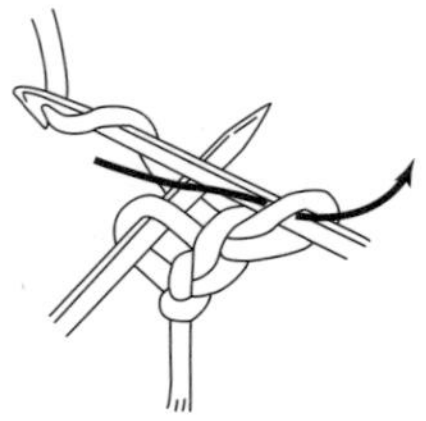

挂线，拉出，第2针完成。

⑥

编织比所需的针目数少1针，最后的针目挂到棒针上。

扭针加针

①

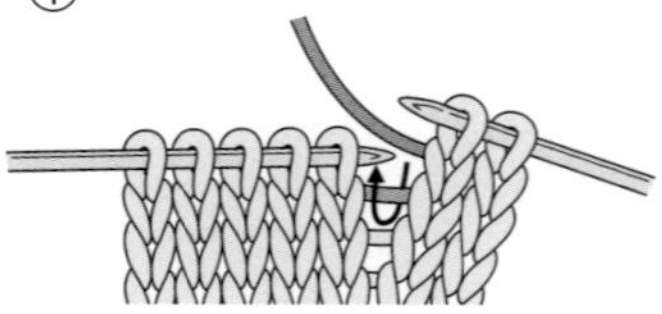

按照箭头所示插入右棒针。

②

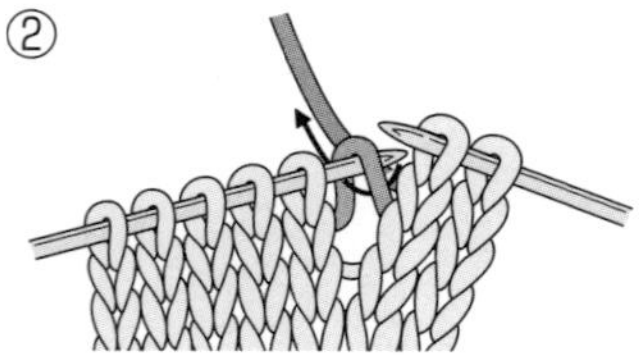

把①的针目往上拉移到左棒针上，按照箭头所示插入棒针，编织下针。

③

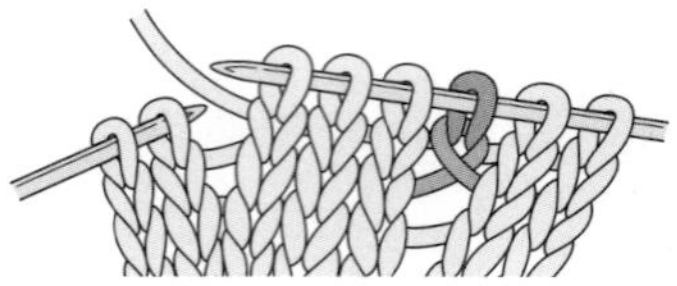

扭针加针编织完成。

盖针接合

①

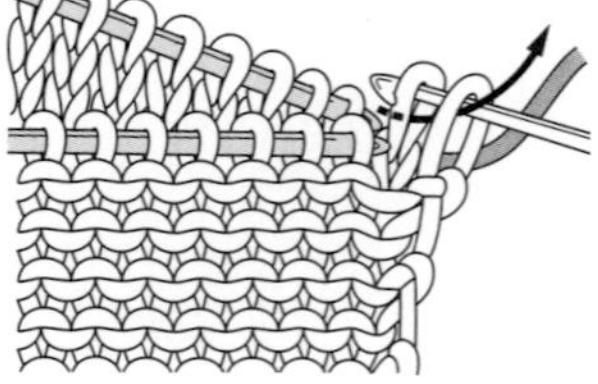

把2片织片正面对齐，挑起边端的2针，从后向前把针目拉出。

②

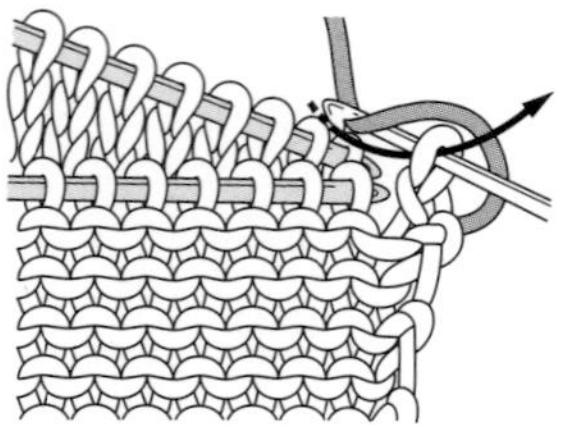

挂线，把拉出的针目钩引拔针。

③

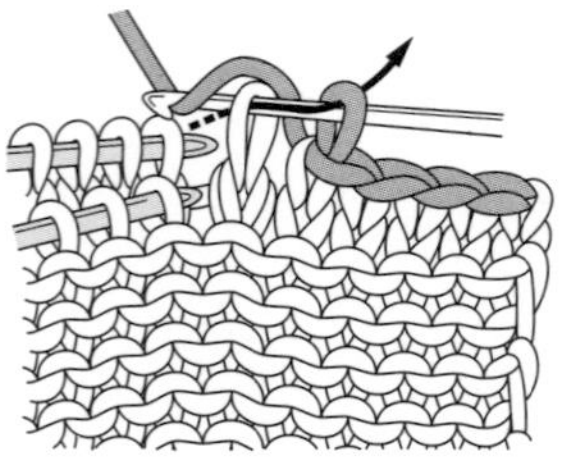

按照①、②的要领重复引拔。

④

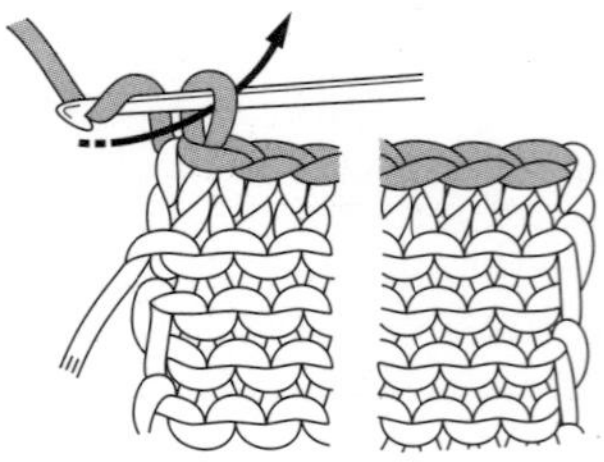

编织终点处引拔线头，拉紧。

右上3针并1针

①

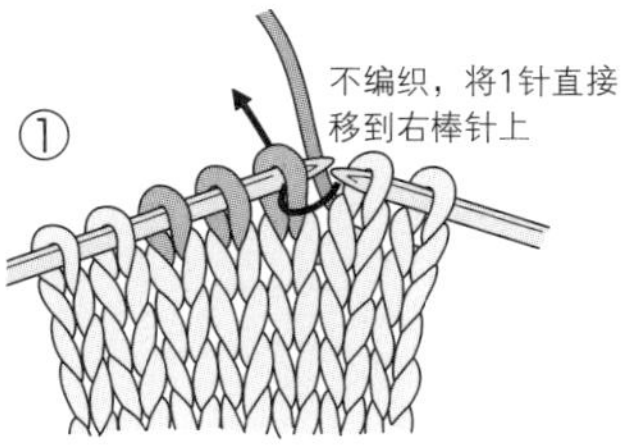

按照箭头所示插入棒针，不编织，直接移到右棒针上。

②

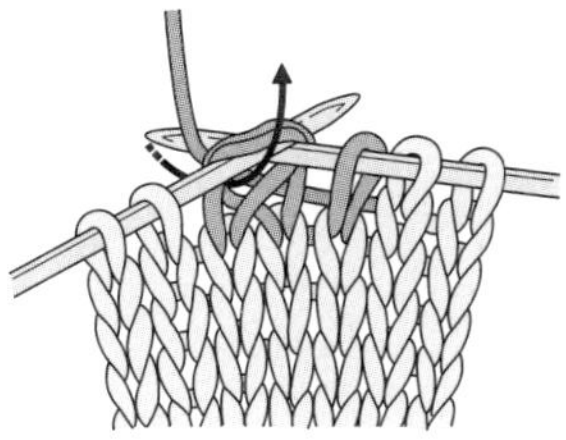

把棒针插入接下来的2针里，编织下针。

③

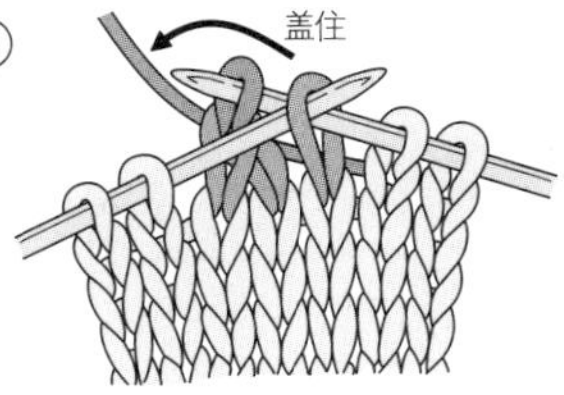

用步骤①移动的1针盖住。

④

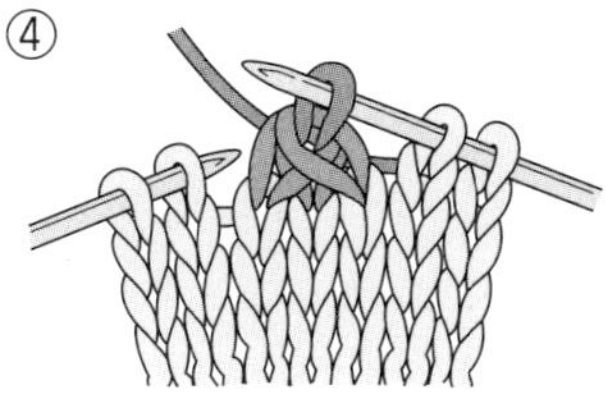

右上3针并1针完成。

中上3针并1针

①

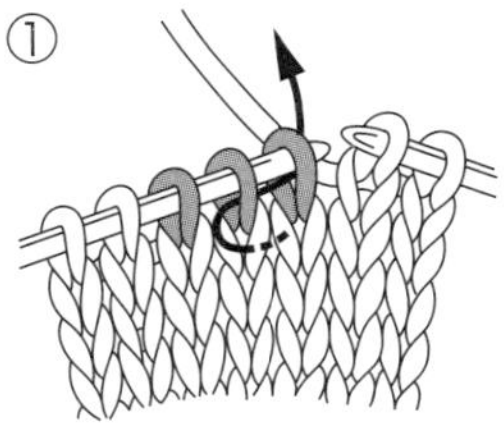

按照箭头所示插入棒针，不编织，将2针直接移到右棒针上。

②

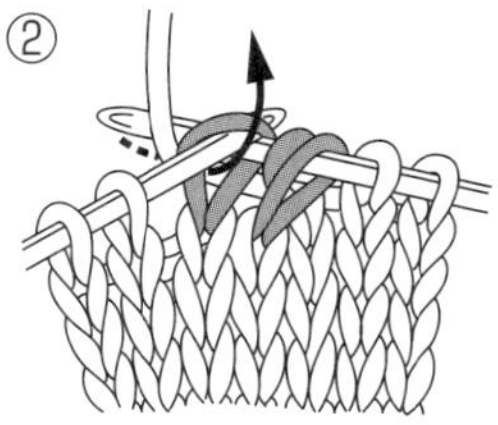

把棒针插入下一针里编织。

③

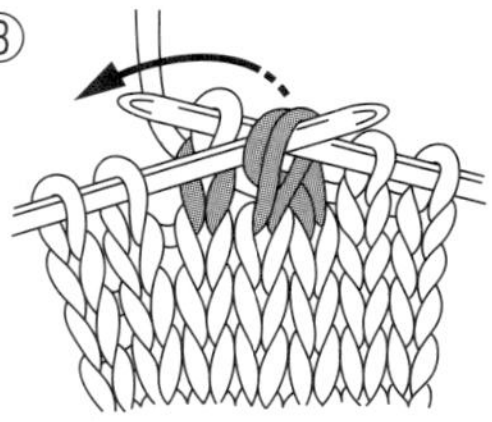

把移动的2针盖住编织的针目。

④

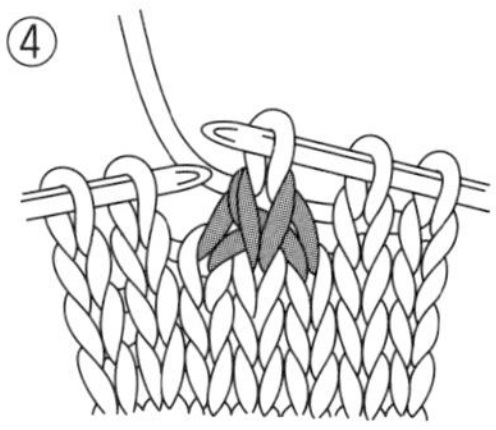

中上3针并1针完成。

1针放3针的加针

①

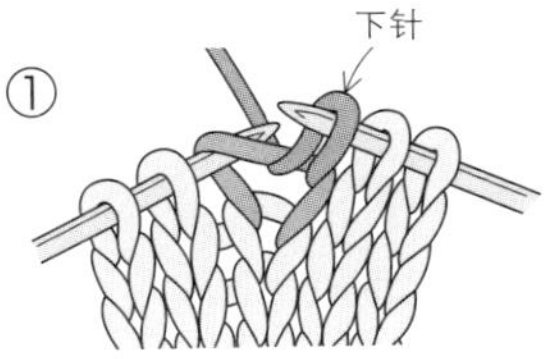

编织下针，棒针暂不抽掉。

②

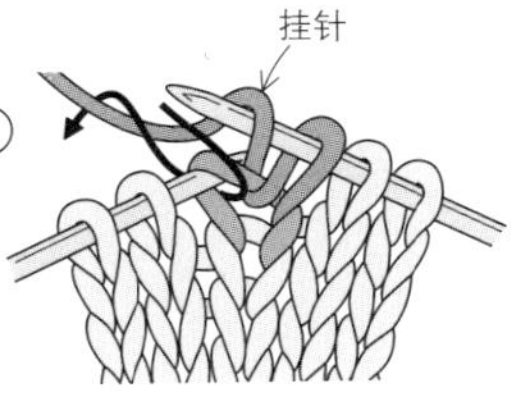

挂针，再编织下针。

③

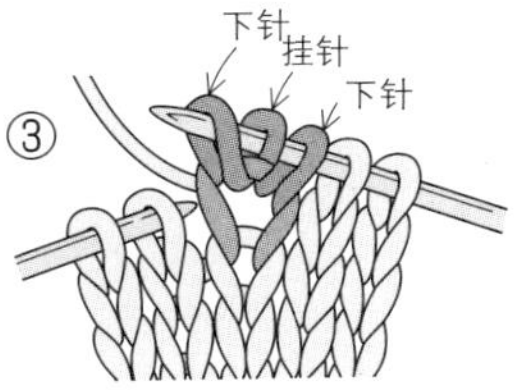

1针放3针的加针完成。

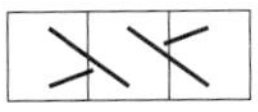

右上2针与1针的交叉

①

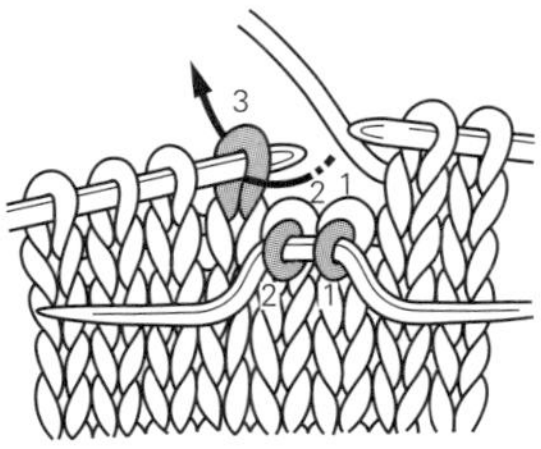

②

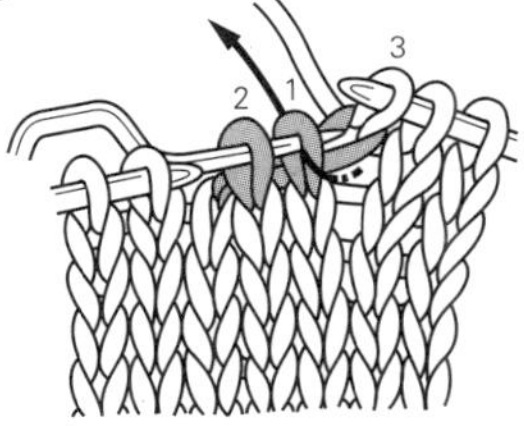

③

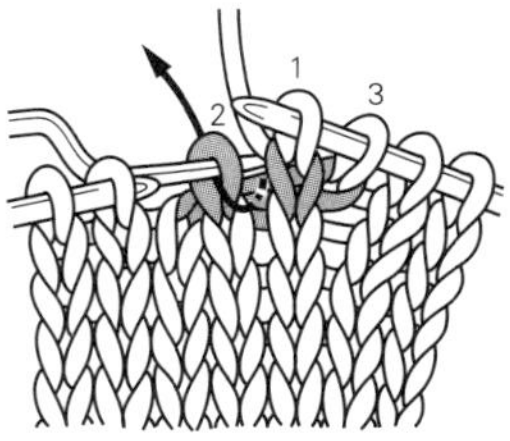

④

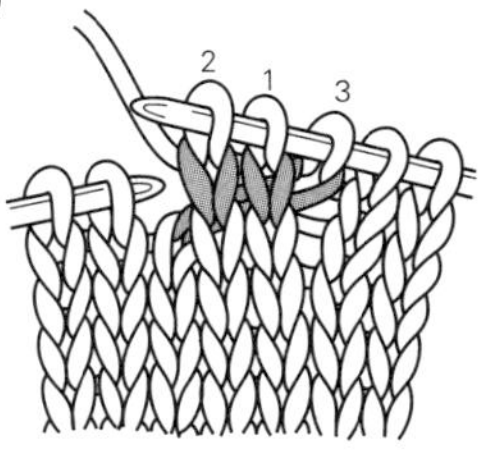

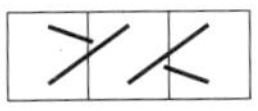

左上2针和1针的交叉

①

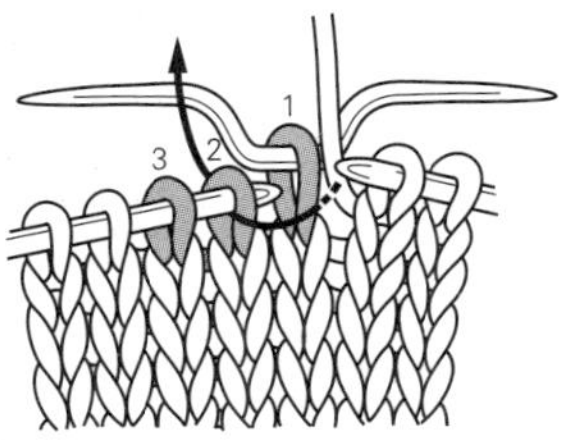

②

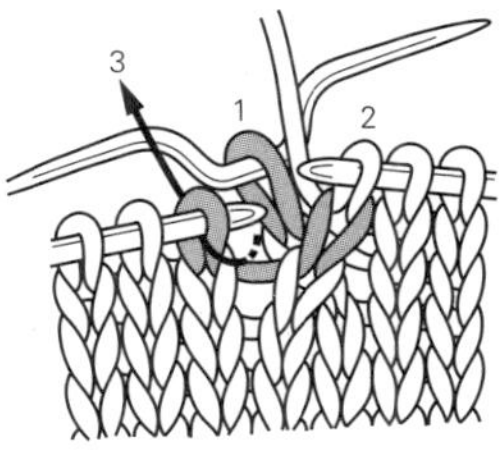

③

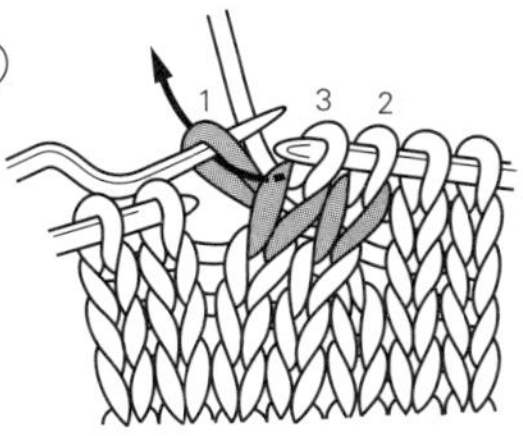

④

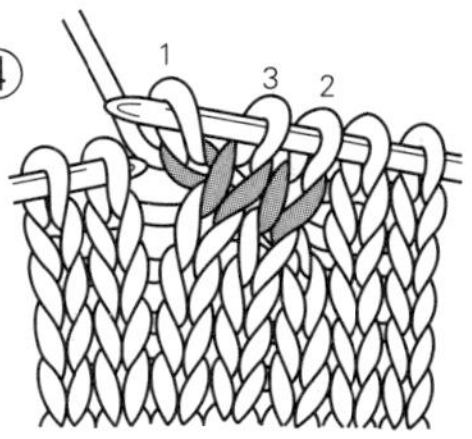

罗纹绳

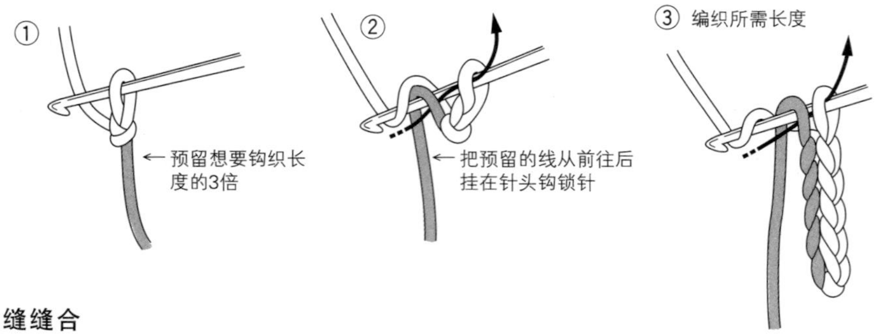

卷针缝缝合

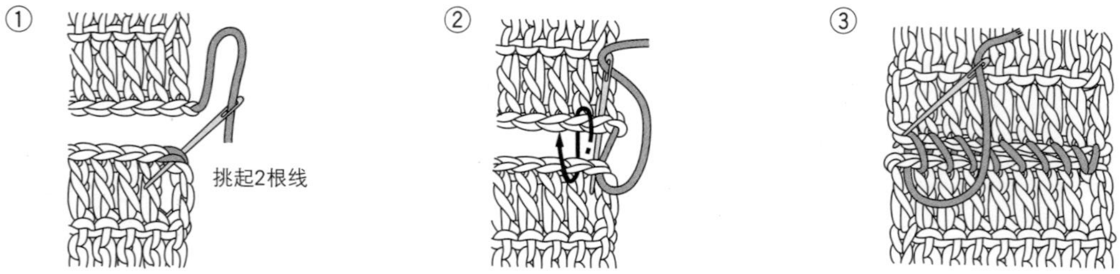

把2片织片的正面对齐，挑起头部2根线。

从对面如图所示一针一针地插入。

最后在同一针目里再次入针。

长针的反拉针

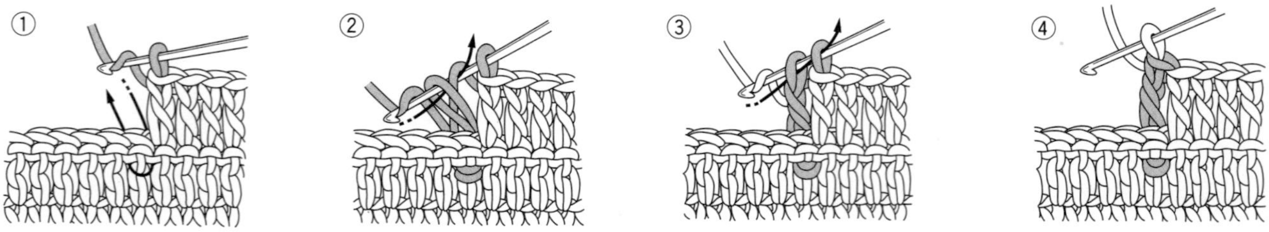

钩针挂线，从织物的反面入针，挑取前一行针目的根部。

钩针挂线，将线长长地拉出，把针上的2个线圈引拔出。

按照箭头所示，再次引拔剩下的2个线圈，编织长针。

长针的反拉针完成，上一行针目的头部出现在织物的正面。

长针的正拉针

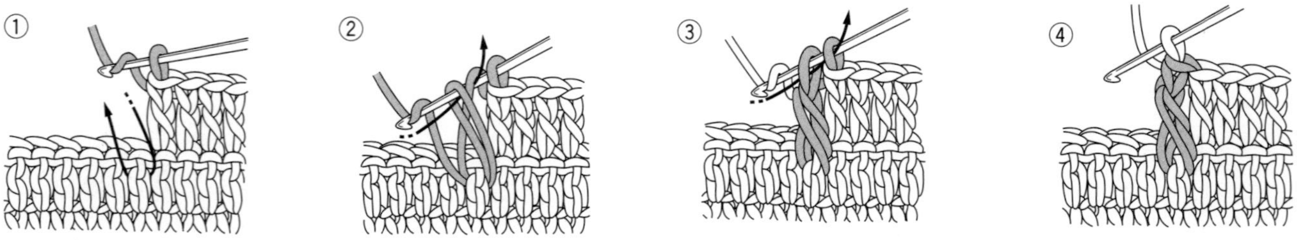

钩针挂线，从织物的正面入针，挑取前一行针目的根部。

钩针挂线，将线长长地拉出，把针上的2个线圈引拔出。

按照箭头所示，再次引拔剩下的2个线圈，编织长针。

长针的正拉针完成，上一行针目的头部出现在织物的反面。

3卷长针

①

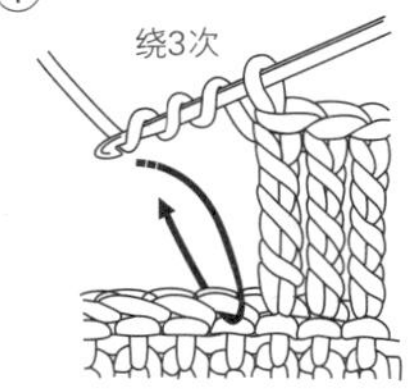

针上绕3次线，按照箭头所示入针，拉出。

②

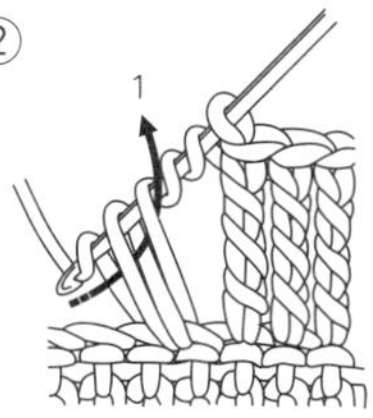

钩针挂线，从针头的2个线圈引拔出。

③

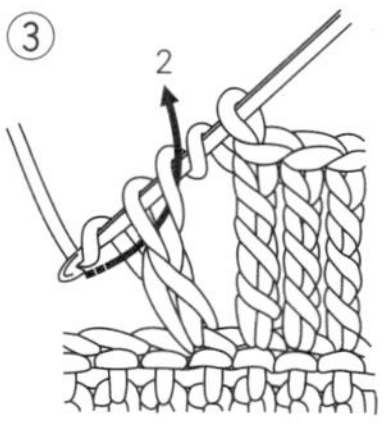

再次钩针挂线，从钩针上的2个线圈中拉出。

④

继续把每2个线圈一次性引拔出，即可完成。

4卷长针

①

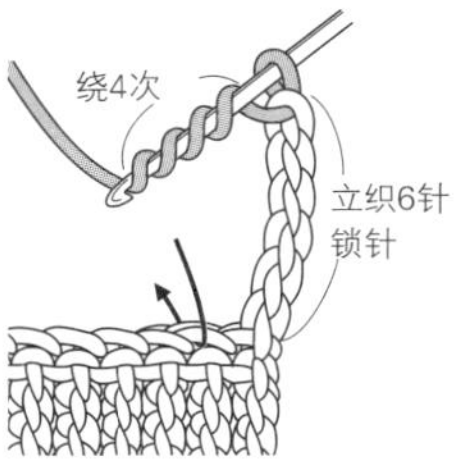

钩针上绕4次线，按照箭头所示把钩针插入上一行针目的头部2根线里。

②

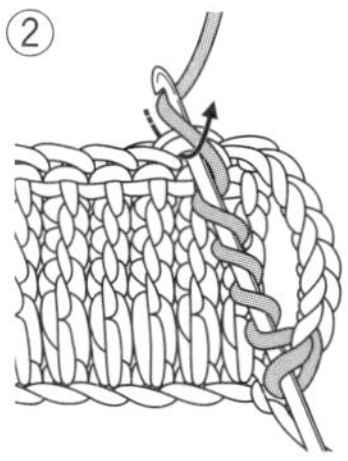

钩针挂线并拉出。

③

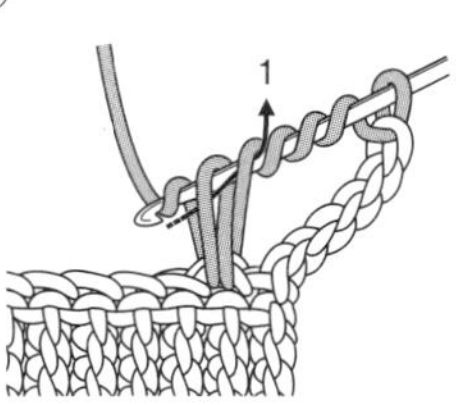

再次钩针挂线，从钩针上的2个线圈中拉出。

④

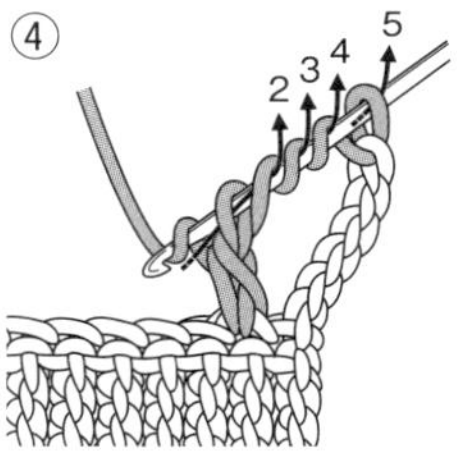

从拉出的针目和下一个线圈中拉出线。

⑤

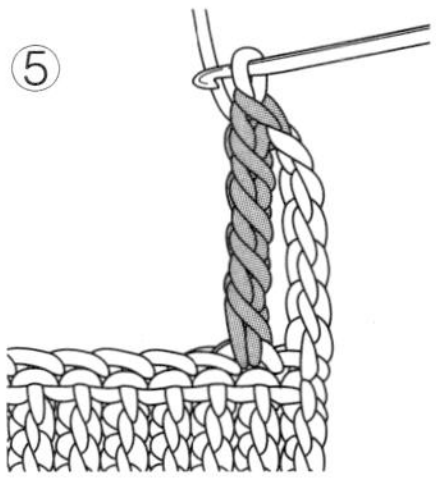

4卷长针完成。

3针中长针的枣形针

45页作品中为2针中长针

①

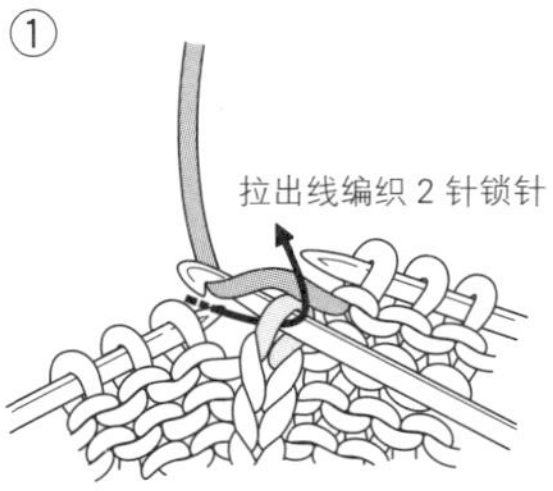

②

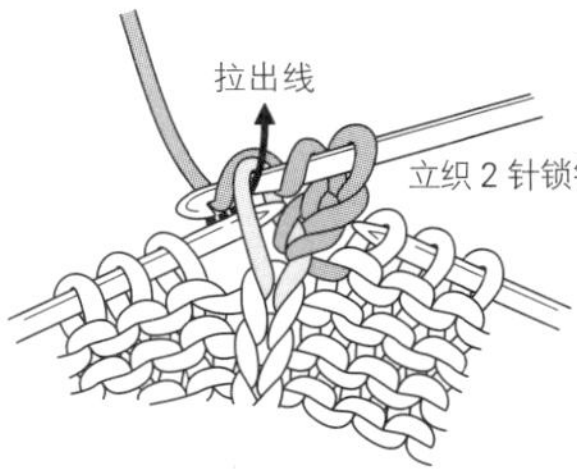

③

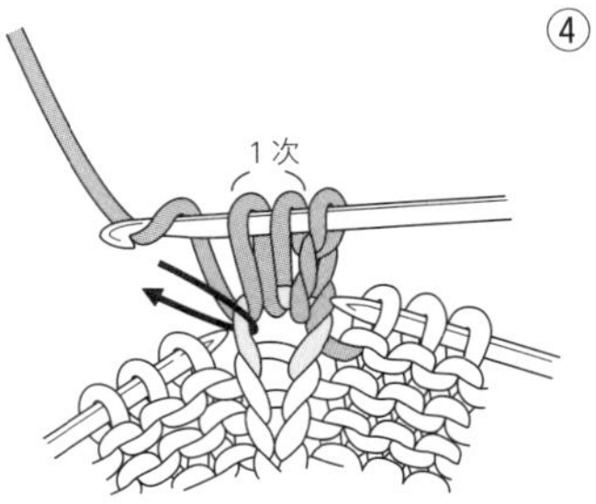

④

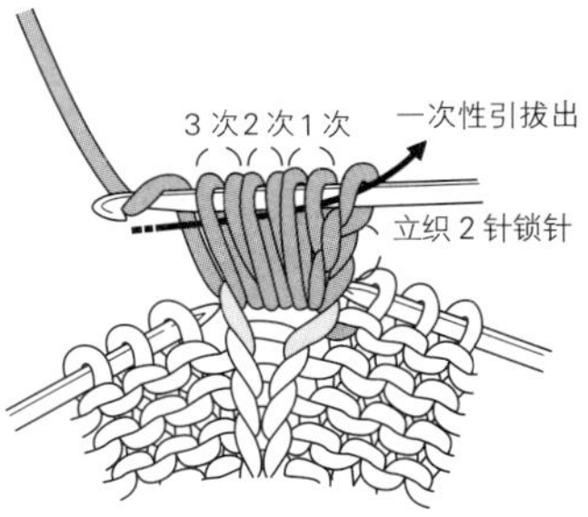

⑤

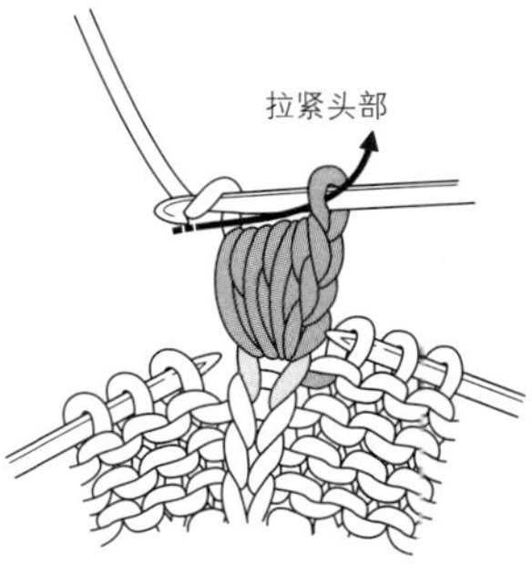

变形的2针中长针的枣形针

①

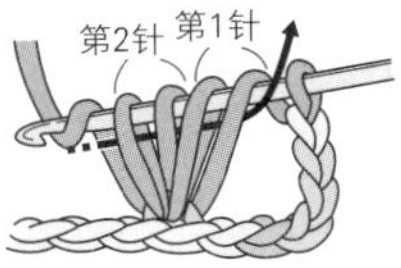

在1个针目里钩入2针未完成的中长针，钩针挂线，从钩针上的4个线圈中引拔出。

②

钩针挂线，把剩余的线圈引拔出。

③

头部拉紧，编织完成。

Photographers: Akiko Ohshima
Original Japanese edition published in Japan by NIHON VOGUE Corp.
Simplified Chinese translation rights arranged with BEIJING BAOKU INTERNATIONAL CULTURAL DEVELOPMENT Co., Ltd.

备案号：豫著许可备字-2020-A-0197

图书在版编目（CIP）数据

唯美手编. 13，点亮秋冬的毛衫编织 / 日本宝库社编著；陈亚敏译. —郑州：河南科学技术出版社，2023.3

ISBN 978-7-5725-1011-3

Ⅰ. ①唯… Ⅱ. ①日… ②陈… Ⅲ. ①手工编织—图集 Ⅳ. ①TS935.5-64

中国国家版本馆CIP数据核字（2023）第024081号

出版发行： 河南科学技术出版社
地址：郑州市郑东新区祥盛街27号　邮编：450016
电话：（0371）65787028　65788613
网址：www.hnstp.cn
责任编辑： 刘　欣　刘　瑞
责任校对： 王晓红
封面设计： 张　伟
责任印制： 张艳芳
印　　刷： 河南新达彩印有限公司
经　　销： 全国新华书店
开　　本： 889 mm ×1 194 mm　1/16　**印张：** 6　**字数：** 180千字
版　　次： 2023年3月第1版　2023年3月第1次印刷
定　　价： 49.00元